入門×実践
Introduction　Practice

Premiere Pro

作って学ぶ動画編集

ムラカミ ヨシユキ 著

CC対応
Mac & Windows 対応

☰ SB Creative

本書に関するお問い合わせ

この度は小社書籍をご購入いただき誠にありがとうございます。小社では本書の内容に関するご質問を受け付けております。本書を読み進めていただきます中でご不明な箇所がございましたらお問い合わせください。なお、お問い合わせに関しましては下記のガイドラインを設けております。恐れ入りますが、ご質問の際は最初に下記ガイドラインをご確認ください。

ご質問の前に

小社 Web サイトで「正誤表」をご確認ください。最新の正誤情報をサポートページに掲載しております。

▶ **本書サポートページ URL**
URL https://isbn2.sbcr.jp/18940/

上記ページの「正誤情報」のリンクをクリックしてください。なお、正誤情報がない場合、リンクをクリックすることはできません。

ご質問の際の注意点

・ご質問はメール、または郵便など、必ず文書にてお願いいたします。お電話では承っておりません。
・ご質問は本書の記述に関することのみとさせていただいております。従いまして、○○ページの○○行目というように記述箇所をはっきりお書き添えください。記述箇所が明記されていない場合、ご質問を承れないことがございます。
・小社出版物の著作権は著者に帰属いたします。従いまして、ご質問に関する回答も基本的に著者に確認の上回答いたしております。これに伴い返信は数日ないしそれ以上かかる場合がございます。あらかじめご了承ください。

ご質問送付先

ご質問については下記のいずれかの方法をご利用ください。

> **Web ページより**
上記のサポートページ内にある「お問い合わせ」をクリックすると、メールフォームが開きます。要綱に従って質問内容を記入の上、送信ボタンを押してください。

> **郵送**
郵送の場合は下記までお願いいたします。

〒106-0032
東京都港区六本木2-4-5
SBクリエイティブ　読者サポート係

はじめに

本書を手にとってくださりありがとうございます。

この数年で非常に多くの人たちが映像クリエイターとして活躍するようになりました。
現在は、学ぶ意欲さえあればたとえ機材に恵まれていなくとも、1年と経たずに映像クリエイターとして活躍できることもある、チャンスに溢れた時代です。

本書はPremiere Proの基本的な機能を学びながら、読者の皆様がテーマにそった1本の動画を作り上げてもらうことを目指して執筆を行いました。
予算や時間を逆算して制作を行う"プロフェッショナル"を目指す人も、自分の欲望を突き詰めて制作を行う"アーティスト"を目指す人も、1本の動画を最後まで完成させることで見つかる気付きや発見が、その後の制作作品に大きな影響を与えることがあります。
少しでもその体験のきっかけになればと思い、取り扱う作例も幅広く用意しました。

私は映像を作る上で制作スキルはもちろん大切ですが、「楽しんで作り続けること」と「何を表現したいのかを考えること」が、長い目で見たときに自分を支える糧になるのではないかと考えております。
かくいう私も最初は独学で取り組み挫折しかけましたが、楽しみながら映像を作り続けたことが今の映像制作の生活の支えになっています。

何事も新しいことに挑戦し、最初の一歩を踏み出すことはとても大変なことです。
できそうなパートや、楽しそうだと思う作例から取り組んでみて下さい。今回は初心者の方でも挫折しないように、オンライン講座のような動画チュートリアルも用意しました。

読者の皆様が本書を通じて、映像制作における「楽しんで作り続けること」と「何を表現したいのかを考えること」を体験していただけると幸いです。

まずはここから第一歩を踏み出していきましょう。

ムラカミ　ヨシユキ

CONTENTS

お問い合わせ 2

はじめに 3

ダウンロードデータについて 9

本書の使い方 10

本書の構成 12

Chapter 1 動画編集を始める前に 13

Lesson 1 Premiere Pro とは 14

Lesson 2 動画の基礎を知ろう 16

Lesson 3 動画制作の作業工程を知ろう 18

Lesson 4 素材を用意しよう 22

Lesson 5 Premiere Pro を使ってみよう 26

　　　　　Backyard /// 「操作中に困ったときは…」 30

Chapter 2 基本操作で編集する 31

Lesson 1 プロジェクトを作成する 32

Lesson 2 シーケンスを作成する 34

Lesson 3 パネルを確認する 36

Lesson 4 ワークスペースを確認する 40

Lesson 5 素材を読み込む 42

Lesson 6 動画をプレビューする 46

Lesson 7 タイムラインにクリップを配置する 50

Lesson 8 カット編集する 52

Lesson 9 基本エフェクトを設定する ················· 54

Lesson 10 クリップの再生速度を変更する ··········· 58

Lesson 11 オーディオクリップを配置する ············· 60

Lesson 12 トランジションを適用する ·················· 64

Lesson 13 テキストを挿入する ························· 66

Lesson 14 動画を書き出す ···························· 68

Backyard 「海の生命」を完成させよう ··············· 70

Chapter 3 タイトルで印象付ける 71

Lesson 1 ボイスオーバー録音で音声を吹き込む ········ 72

Lesson 2 マーカーを作成する ························ 74

Lesson 3 タイトルを作成する ························ 76

Lesson 4 フレーム保持で静止させる ················ 82

Lesson 5 タイトルテンプレートを使用する ·········· 84

Backyard 「どうぶつ3選!!」を完成させよう ········ 88

Chapter 4 アニメーションを駆使する 89

Lesson 1 音楽を自動でリミックスする ·············· 90

Lesson 2 同一ポジションを作る ···················· 92

Lesson 3 映像の動きに合わせて画面を動かす ········ 96

Lesson 4 クローン動画を作る ······················ 100

Lesson 5 画面サイズを自動で変更する ·············· 106

Backyard 「リズムにのって」を完成させよう ········ 108

Chapter 5 色彩をコントロールする 109

Lesson 1 中心から広がる黒幕を作る ……………………………………… 110
Lesson 2 テキストにブラーをかける ……………………………………… 114
Lesson 3 ブラーのトランジションを作る …………………………………… 116
Lesson 4 映像内の手ぶれを補正する …………………………………… 120
Lesson 5 タイムリマップで速度に緩急をつける ………………………… 122
Lesson 6 フェードアウトで終わらせる …………………………………… 124
Lesson 7 ハイライトとシャドウを調整する ……………………………… 128
Lesson 8 カーブコントロールでコントラストをつける …………………… 132
Lesson 9 色を選んで調整する …………………………………………… 134
Backyard ///「Life Of Barcelona」を完成させよう …………………… 140

Chapter 6 マルチカメラを引き立てる 143

Lesson 1 マルチカメラ編集を行う ………………………………………… 144
Lesson 2 フォントをインストールして使用する ………………………… 146
Lesson 3 テキストにトランジションを適用する ………………………… 148
Lesson 4 音声からキャプションを追加する …………………………… 150
Lesson 5 縦書きテキストを追加する …………………………………… 154
Backyard ///「あなたはイヌ派？？それともネコ派？？」を完成させよう … 156

Chapter 7 合成を極める　157

Lesson 1 クロマキー合成を行う ⋯⋯⋯⋯⋯⋯⋯⋯⋯ 158

Lesson 2 合成用背景を設定する ⋯⋯⋯⋯⋯⋯⋯⋯⋯ 162

Lesson 3 ルミナンスキーで背景を抜く ⋯⋯⋯⋯⋯ 164

Lesson 4 描画モードの合成で目を光らせる ⋯⋯⋯ 166

Lesson 5 4色グラデーションでライトリークをつくる ⋯⋯ 168

　Backyard　「ヒーロー」を完成させよう ⋯⋯⋯⋯⋯ 172

Chapter 8 素材を生かす　173

Lesson 1 ループする背景を作る ⋯⋯⋯⋯⋯⋯⋯⋯ 174

Lesson 2 アルファチャンネル付き動画を使う ⋯⋯⋯ 176

Lesson 3 モーショングラフィックステンプレートを作成する ⋯178

Lesson 4 モーショングラフィックステンプレートを読み込む ⋯182

Lesson 5 光るボタンを作る ⋯⋯⋯⋯⋯⋯⋯⋯⋯⋯ 184

Lesson 6 BGMと効果音の重なりを調整する ⋯⋯⋯ 188

Lesson 7 ブラックビデオで暗転を作る ⋯⋯⋯⋯⋯ 190

Lesson 8 Adobeソフトで作成した素材を利用する ⋯ 192

Lesson 9 音声を加工する ⋯⋯⋯⋯⋯⋯⋯⋯⋯⋯⋯ 196

Lesson 10 タイムコードを使って時間表示する ⋯⋯ 198

　Backyard　「ゲームの世界」を完成させよう ⋯⋯⋯ 200

Lesson 1　テキストの中に映像を映す ⋯⋯⋯⋯⋯⋯⋯⋯⋯ 202

Lesson 2　クリップを並べるテクニックを知る ⋯⋯⋯⋯⋯ 204

Lesson 3　クロップで画面分割を作る ⋯⋯⋯⋯⋯⋯⋯⋯ 206

Lesson 4　手書き線アニメーションを作る ⋯⋯⋯⋯⋯⋯ 210

Lesson 5　エコーで残像を作る ⋯⋯⋯⋯⋯⋯⋯⋯⋯⋯⋯ 216

Lesson 6　画面に衝撃を加える ⋯⋯⋯⋯⋯⋯⋯⋯⋯⋯⋯ 218

Lesson 7　人物を切り抜いて効果をつける ⋯⋯⋯⋯⋯⋯ 222

Lesson 8　古いフィルム風の色合いを再現する ⋯⋯⋯⋯ 228

Lesson 9　瞬間移動を作る ⋯⋯⋯⋯⋯⋯⋯⋯⋯⋯⋯⋯⋯ 232

Lesson10　エンドロールを作る ⋯⋯⋯⋯⋯⋯⋯⋯⋯⋯⋯ 236

Lesson11　グリッチのトランジションを作る ⋯⋯⋯⋯⋯ 238

Lesson12　ズームのトランジションを作る ⋯⋯⋯⋯⋯⋯ 242

Lesson13　伸びるスライドトランジションを作る ⋯⋯⋯ 246

Lesson14　レンズフレアのトランジションを作る ⋯⋯⋯ 250

Backyard /// 「SNIPER FUNK」を完成させよう ⋯⋯⋯⋯⋯⋯ 252

ボタンエディター一覧 ⋯⋯⋯⋯⋯⋯⋯⋯⋯⋯⋯⋯⋯⋯⋯ 255

Premiere Rush とは ⋯⋯⋯⋯⋯⋯⋯⋯⋯⋯⋯⋯⋯⋯⋯ 256

ショートカット一覧 ⋯⋯⋯⋯⋯⋯⋯⋯⋯⋯⋯⋯⋯⋯⋯⋯ 258

索引 ⋯⋯⋯⋯⋯⋯⋯⋯⋯⋯⋯⋯⋯⋯⋯⋯⋯⋯⋯⋯⋯⋯ 261

ダウンロードファイルについて

本書で使用する練習用ファイル、および特典ファイルは以下の本書サポートページからダウンロードできます。なお、本書の特典の利用は、書籍をご購入いただいた方に限ります。

URL：https://isbn2.sbcr.jp/18940/
パスワード：P.263の右下段をご覧ください

本書の練習用ファイルに含まれるデータは本書の学習用途のみにご利用いただけます。すべてのダウンロードしたデータは著作物であり、一部またはすべてを公開したり、改変して使用することはできません。特典ファイルに含まれる「素材＋テンプレート」はご自身の作品制作にも利用することが可能です。ただし、特典ファイルについて以下の行為を禁止します。素材の再配布、および一部改変による素材としての再配布／公序良俗に反するコンテンツにおける使用／違法、虚偽、中傷を含むコンテンツにおける使用／その他著作権を侵害する行為。また、ダウンロードしたデータの使用により発生した、いかなる損害についても、著者およびSBクリエイティブ株式会社は一切の責任を負いかねますのでご了承ください。

練習用ファイルはChapterごとに分かれており、Chapter3以降はプロジェクトファイルを開いて、[編集前]のシーケンスで操作を行ってください。[編集後]のシーケンスは著者が完成させたシーケンスが保存されています。編集時の参考にしてください。

また、プロジェクトファイルを開く際に[メディアをリンク]ダイアログ❶が表示されることがあります。これはリンクしている素材の保存先や名前が変更になり、リンクが切れることで発生します。リンクを有効化させるには、チェックマークがついていないリンクが切れた素材❷を選択し、[ファイル名]❸にチェックを入れて、[検索]❹をクリックします。（素材ファイルの名前を変えた場合は[ファイル名]のチェックを外します。）
続いてファイル検索ダイアログが開くので、[検索]❺→[OK]❻と続けてクリックするとリンクが復活し、プロジェクトファイルが開きます。

本書の使い方

キーワード
このレッスンで学ぶ重要なテクニックです。索引から探すことができます。

レッスンタイトル
このレッスンで学ぶ
内容です。

レッスン内容
このレッスンで扱う
テクニックや映像表
現について簡単に説
明しています。

参照案内
このレッスンで学ぶ
内容が作例のどの部
分かを示しています。
Chapter2 に関して
は特典の解説動画を
案内しています。

操作の解説
実際の操作手順に
そって操作方法を説
明しています。文章
中の❶と図の❶が
対応しています。

🖉 インをマーク 🖉 アウトをマーク

Lesson
6

動画をプレビューする

読み込んだ素材をタイムラインに配置する前に［ソース］モニターでプレビューします。通常の再生
だけでなく、1フレームずつの再生や逆再生もできるため細かな確認ができます。

［ソース］モニターでプレビューしておくと、タイムラインへの配置が楽になります。

▶ Tutorial.mp4 を参照

❶ ［プロジェクト］パネルで確認する

［プロジェクト］パネルで ▦［アイコン表示］❶
をクリックすると、表示が切り替わりクリップ
の内容を確認できるようになります。動画ク
リップの上でマウスカーソルを左右に動かす❷
ことでスキミング再生ができます。また、ス
ペースキーで再生、もう一度押すと停止させる
ことができます。

46

本書は本文を読みながら各章ごとに1つの作例を作り上げて、Premiere proの操作と映像制作のテクニックを学べる構造になっています。作例の内容と難易度についてはP.12の本書の構成を確認してください。

❷ ［ソース］モニターの機能を知る

［ソース］モニターの機能のうち、多用するものを抜粋して紹介します。

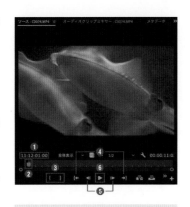

タイムコード❶
再生ヘッドがあるフレームを示しています。

再生ヘッド❷
モニターに表示されているフレームの位置を示しています。

インをマーク／アウトをマーク❸
再生ヘッドがあるフレームにインもしくは、アウトを指定します。

インへ移動／アウトへ移動❹
再生ヘッドをインもしくは、アウトへ移動させます。

1フレーム前へ戻る／1フレーム先へ進む❺
再生ヘッドを現在よりも1フレーム前後に移動させます。

再生／停止❻
クリップを再生、もしくは停止させます。

インとアウト

編集をする際の開始（イン）と終了（アウト）のポイントを指します。動画素材は最初から最後まで全て使用することは少なく、必要な部分をあらかじめ指定しておくことで、その後の編集がスムーズに進みます。

プレビュー時のショートカットキー

プレビューは配置前の確認だけでなく様々な場面で使用します。編集中に気になったときはどんどんプレビューで確認してみて下さい。ここでは使えると便利なショートカットキーを3つ紹介します。

キーの種類	はたらき
L キー	再生、複数回押すと早送り
J キー	逆再生、複数回押すと早送り逆再生
space キー	再生、再生時に押すと停止

ショートカットキーは共通のため覚えておくと便利です。より詳しく知りたいときはP.259、260を参照してください。

47

用語解説

Premiere proの操作でしか使われないような言葉や、一般に使われている意味とは異なる場合にその言葉を解説しています。

One point

レッスンでの操作とは別に、役立つ内容や機能を使いこなすために必要な情報を解説しています。

その他の要素
Backyard

各章の作例についてテクニックの補足と著者からのアドバイスを章末にまとめています。

本書の構成

本書は順に読み進めることで、少しずつ編集全体のレベルを上げていくことができる構成になっています。各Chapterの完成済みのファイルもありますので、先に確認してから編集作業を開始するとよいでしょう。

⬡ 基本テクニックで編集する入門パート

Chapter 1 **動画編集を始める前に** （難易度-）

この章では操作をする前に覚えておくと役立つ内容を解説しています。ソフトウェアのインストールと起動/終了まで行います。

Chapter 2 **基本操作で編集する** （難易度★）

カット編集を中心にPremiere pro の基本的な操作で動画を完成させます。この書籍全ての基本となっています。

Chapter 3 **タイトルで印象付ける** （難易度★★）

カット編集とテキストの編集を中心にシンプルな動画を作ります。操作方法は簡単ですが、自分でカット編集の構成を考えて動画を作っていきます。

Chapter 4 **アニメーションを駆使する** （難易度★★★）

1フレームずつ編集を行うアニメーションを作っていきます。操作方法は簡単ですが、作業量が多いため少し難易度が上がります。

Chapter 5 **色彩をコントロールする** （難易度★★★）

色を重ねて調整するために動画の構造が少し複雑になっています。色と光の調整は作業者の感覚による操作が必要になります。

⬡ 応用テクニックで編集する実践パート

Chapter 6 **マルチカメラを引き立てる** （難易度★★★）

スタジオ撮影などで使われるマルチカメラで撮った映像の編集を行います。Chapter3の内容を応用しています。

Chapter 7 **合成を極める** （難易度★★★★）

映画や特撮などで使われる背景を透過して合成する編集作業を行います。Chapter4とChapter5の内容を応用しています。

Chapter 8 **素材を生かす** （難易度★★★★★）

他のAdobeソフトで作成したファイルの取り扱いや360°カメラの映像などそれぞれ特徴がある素材を使っていきます。

Chapter 9 **エフェクトで魅せる** （難易度★★★★★）

これまでの内容を応用してエフェクトとトランジションを作っていきます。作り込み要素が多くボリューム満点です。

動画編集を始める前に

この章では動画の制作に必要な基礎知識と Premiere Pro の概要について解説を行います。基礎知識を知っておくと編集の仕組みが理解しやすくなるのでしっかりおさえておくようにしましょう。

レベルに合わせてやってみよう！

●━○ はじめて Premiere Pro を使う人

紙面を読みながら順番にそって操作を進めていきましょう。Premiere Pro のインストールを完了させ、起動と終了の操作ができるようになりましょう。

●━━○ Premiere Pro を使ったことがある人

紙面を読みながら動画編集全体の工程について理解を深めていきましょう。One Point で扱うショートカットキーを覚えておくと操作の速さが格段に変わってきます。

●━━━○ Premiere Pro の操作に自信がある人

既に Premiere Pro を長く使用している人にとっては簡単な内容かもしれません。復習のつもりで紙面を読み進め、筆者のサイトをはじめとする外部の素材サイトものぞいてみて下さい。

Premiere Pro とは

今や私たちの生活に欠かせないものとなっている動画。Premiere Pro を使えば手軽に動画を編集することができます。まずは Premiere Pro を使用する準備を整えましょう。

① Premiere Pro とは

Premiere Pro は Adobe 社が提供する動画編集のソフトウェアです。

映画やテレビ、YouTube、SNS の動画、広告、ミュージックビデオ、Vlog（ビデオブログ）などあらゆる動画制作に使用することができるため、ハリウッドをはじめとするプロの映像制作者から、これから動画制作を学んでいく初心者まで幅広い人たちに使われています。

Premiere Pro の特徴は動画のカット編集を中心に、速度や色の調整、合成などの編集を加えて１つの作品を作ることができる点です。また、他の動画編集ソフトウェアと異なる点として、Adobe 社が提供しているソフトウェアや Web サービスと連携できる点があげられます。例えば Adobe Creative Cloud を契約することで使える Photoshop や After Effects で作成したファイルを直接取り込んで利用することができます。また、クラウド上でのファイルの保存や、Adobe Stock からテンプレートや素材を直接利用することができ便利です。

サブスクリプション式のサービスなのでいつでも最新の機能を使うことができます。

② Premiere Proが使える環境と購入先

どんなパソコンで使えるの？

最新の情報はAdobeのWebサイト（https://helpx.adobe.com/jp/premiere-pro/system-requirements.html）から確認することができます。必ず確認してから購入するようにしましょう。ここではAdobeが公開しているバージョン2023での推奨スペックの情報を記載しています。

条件	Mac	Windows
CPU	Intel 第7世代以降のCPU またはAppleシリコンM1以降	Quick Sync搭載のIntel 第7世代以降のCPU またはAMD Ryzen 3000シリーズ／ Threadripper 2000シリーズ以降のCPU
OS	macOS 11.0（Big Sur）以降	Microsoft Windows10（64ビット） 日本語版V20H2以降
メモリ	Appleシリコン：16GBの統合メモリ Intel：HDメディアの場合は16GBの RAM/4Kメディア以上の場合は32GB	デュアルチャネルメモリ： HDメディアの場合は16GBのRAM 4K以上の場合は32GB以上
GPU	Apple シリコン：16GBの統合メモリ Intel：HDおよび一部の4Kワークフローの 場合は4GBのGPUメモリ/4K以上の解像度の ワークフローの場合は6GB以上	HDおよび一部の4Kメディアの場合は 4GBのGPUメモリ 4K以上の場合は6GB以上

スマートフォンでも使えるの？

スマートフォンではPremiere Proを使うことはできません。そのかわり簡単な編集機能やエフェクトを使ってYouTubeやInstagramなどのSNSへの動画投稿を行うことに特化したAdobe Premiere Rushというアプリを使用することができます。Premiere RushについてはP.256を参照して下さい。

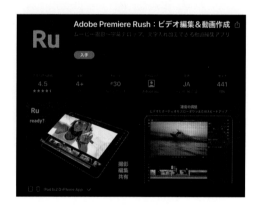

どこで購入できるの？

Premiere ProはAdobe社が提供するサブスクリプション形式のWebサービスAdobe Creative Cloudから入手することができます。本書執筆時点ではPremiere Proを単体で利用する「スタータープラン」と、全てのその他のアプリも利用できる「コンプリートプラン」が提供されており、学生や教職員などに向けての割引も用意されています。最新の情報はAdobeのWebサイト（https://www.adobe.com/jp/products/premiere.html）から確認することができます。

プラン名	Premiere Pro 単体プラン	Creative Cloud コンプリートプラン	学生・教職員 向け	法人版 （1ライセンスあたり）
対象サービス	Premiere Proのみ	Creative Cloud	Creative Cloud	Creative Cloud
料金（税込み）	2,728円/月	6,480円/月	1,980円/月	4,380円/月

🖉 フレーム 🖉 フレームサイズ 🖉 フレームレート

動画の基礎を知ろう

動画編集を始める前に必要となる知識を解説します。よりクオリティの高い動画を作るにはこれらの
知識は必要不可欠ですので、しっかりと理解しておきましょう。

撮影する機材は異なっても、動画の基本的な構造は共通です。

❶ 動画の仕組み

動画は多数の「**フレーム**（静止画像）」が集まってできています。このフレームが非常に早く切り替
わっていくことで、画像が動いているように見える仕組みになっています。フレームに関して動画編
集を始める前に覚えておくべき2つの重要な要素があります。フレームの縦と横の大きさで表される
「**フレームサイズ**」と、1秒間が何枚のフレームで構成されているかを表す「**フレームレート**」です。

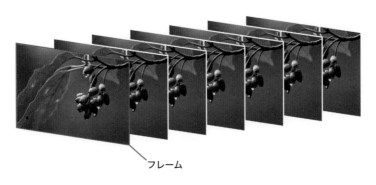

フレーム

② フレームサイズとは

動画を構成している静止画像は、ピクセル（画素）という色の情報を持った点の集まりでできています。1つのフレーム内にあるピクセル（pix）の数を表したものをフレームサイズ（解像度）と呼びます。映像では一般的に使われているいくつかの規格があり、それらは決まった横のピクセル数×縦のピクセル数で表されます。例えばフルHD規格は1920×1080pix、4K規格では3840×2160pixです。数が大きいものほどピクセル数が多く、より鮮明な画質となりますが、あわせて情報量も多くなるためファイルサイズが大きくなります。

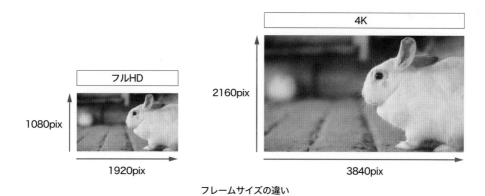

フレームサイズの違い

③ フレームレートとは

動画の1秒間が何枚のフレームで構成されているかを表す単位をフレームレート（fps：frames per second）と呼びます。フレームレートが低い動画はカクカクした動きになり、逆に高い場合は滑らかな動きになります。みなさんも馴染みのあるスローモーションは、フレームが切り替わる時間を長くしてフレームレートを下げた状態です。フレームレートが高いほど情報量が多くなるためファイルサイズが大きくなります。

高フレームレート（滑らかな動きだが、ファイルサイズが大きい）

低フレームレート（カクカクした動きだが、ファイルサイズは小さい）

フレームレートの違い

これらの基本知識を持ったうえで、動画編集に取り組めばより理解が深まるでしょう。

Lesson 3

動画制作の作業工程を知ろう

動画の制作は以下の工程で進んでいきます。今回学習するPremiere Proは主に編集の工程で活躍します。オリジナル動画の作成時に参考にして下さい。

動画製作の流れ

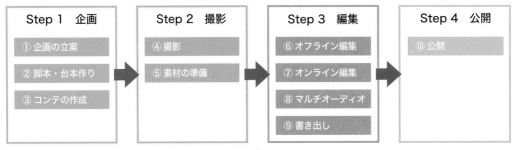

チームで制作する場合は役割を分担することもあります。

① 企画の立案

MVやドラマなど全体の工程を計画してから制作に取り掛かる動画には企画が欠かせません。

まずは企画の段階で重要となるのは、「スマートフォン向けの縦長動画なのかシネマスコープのような横長動画なのか」や「スローモーションを入れるか早送りを使うか」などの映像表現を事前に設定することです。あらかじめ決めておくことで撮影や編集の際にトラブルが起こりにくくなります。

② 脚本・台本作り

企画をもとに脚本と台本を作成していきます。筆者は日常的にアイデアを箇条書きするようにしており、ここから脚本へと仕上げていくことがあります。また、調査したことやキャラクターの設定などをノートに書き記しておくと、脚本を書く際に参考にできます。

全体の構造を作った後は役者が参考にする動きやセリフなどをまとめていきます。脚本は主に場所や時間を指定する「柱」、言葉として口に出す「セリフ」、動作や気持ちを表す「ト書き」の3つの要素で構成されます。

脚本や台本を準備せずアドリブで行うやり方もありますが、複数の人間が関わる場合は脚本や台本があった方が全員に考えを共有しやすく、撮影をスムーズに行うことができます。

③　コンテの作成

脚本をもとに撮影する順番を文章で記載した字
コンテや、画角や構図などのカメラワークを視
覚的に描いた絵コンテを作成し、必要なカット
を抽出しておくと現場での撮影手順がわかりや
すくなります。

同様に撮影する前に音楽やカットをPremiere
Proなどの編集ソフトで仮編集したものをビデオ
コンテと呼びます。Premiere Proの編集画面に
簡単な音楽やグラフィック素材を並べておくだ
けでも間の取り方や雰囲気を伝えやすくなります。

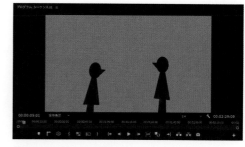
著者のビデオコンテの例。

コンテは細かく設定しておくと現場で撮影の工程がしっかりする一方で、現場ならではのアイデアや
アドリブなどの自由度が低くなります。制作の規模に応じて準備するとよいでしょう。

④　撮影

コンテで描いたそれぞれのカットを撮影していき
ます。今では映画やドラマにもスマートフォン
やGoProが使用されています。まずは身の回り
にある機材で撮影にチャレンジしてみるのもい
いでしょう。高額なカメラを買うよりも、照明
やマイクを取り入れるだけで劇的に質が変わるの
で工夫してみて下さい。場合によっては、納得
がいくまで何度も同じカットの撮影を繰り返すこ

撮影中の筆者。

とや、天候の変化や予期しないトラブルで事前のコンテ通りにはいかなくなることもあります。

⑤　素材の準備

考え方を変えれば企画も撮影も全ては素材を集める一環といえます。

撮影した素材を編集画面に並べたときに足りないカットや音響があれば、再撮影を行ったり素材を配
布するサイトで購入したりします。また、効果音やテロップのフォントなど映像によっても集めるべ
き素材の種類は変わってきます。Pexels（https://www.pexels.com/ja-jp/）などのWebサイトでは
無料で高品質な映像素材を配布しているので、撮影する機材や時間がない場合や、編集の練習、ビ
デオコンテを作成する際にも使えます。また、VFX素材（P.20を参照）などを購入しておくことで編
集画面に挿入するだけで映像のクオリティを高く見せることができるようになります。

⑥ オフライン編集

試行錯誤の多い映像編集では高画質な撮影データでは重すぎるため、プロキシ（P.45を参照）と呼ばれる低画質データを作ります。またこのデータを使用して仮編集する作業をオフライン編集と言います。オフライン編集したデータはカットの順番や長さの調整、コンテンツの構成や音楽などの雰囲気を確認するために使います。ここで試写をしてクライアントと議論をして仕上げに取り掛かります。

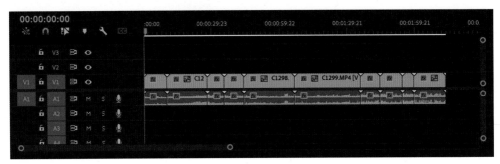

まずはクリップを並べて全体の流れを作っていきます。

⑦ オンライン編集

最終的に配信するまでに1本の映像として完成させていく本編集です。仮編集を行った映像作品に対して時間のかかる高度なCG演出（**コンポジット**）や色の調整（**カラーグレーディング**）などを加えていきます。

Before
After

オンライン編集では映像に様々な効果を追加していきます。

コンポジット

撮影できない表現や特殊効果をCGや合成素材を使用して映像に追加していく作業です。Adobe After EffectsやCG編集ソフトBlenderがよく使われています。コンポジットを担当する人をコンポジターと呼びます。

カラーグレーディング

映像に色の編集を行って、映像作品の世界観や臨場感を作り出す作業のことです。

プロキシ

重い動画ファイルを仮に編集するために軽く置き換えたファイルのことです。

VFX

Visual Effectsの略で直訳の通り視覚効果を指します。現実では再現できない映像表現をコンピューターグラフィックスや映像の合成で作り出します。

8 マルチオーディオ

BGM・効果音・環境音・ナレーションなどの音に関する調整を行います。特定の音の大きさを調整したりバランスを整えたり、ノイズを消してセリフを聞きやすくしていきます。さらに雰囲気に合ったBGMを挿入することで視聴者が持つ印象も大きく変わります。

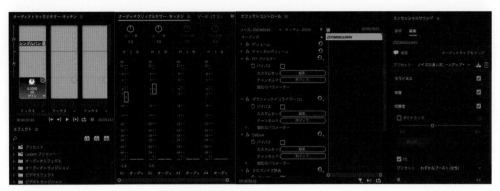

Premiere Proでは映像だけでなく、音声の録音や編集もできます。

9 書き出し

編集が終わったら使用目的に応じて適切なアスペクト比（横：縦の比）、画質、変換形式を選んで書き出します。Premiere Proから書き出しもできますが、特殊な形式やまとめて書き出す場合はMedia Encoder（P.45を参照）を使用します。

10 公開

書き出した動画はYouTubeやSNSを通じて公開したり、DVDなどの記憶媒体に書き込んだり映画館などで上映したりしていきます。ここではじめて視聴者とつながる場合が多いので対象となる方々のスタイルに合ったやり方で公開していくと良いでしょう。

筆者は主にYouTubeで動画を投稿しています。

📎 撮影 📎 録音 📎 素材

素材を用意しよう

動画作成には素材の用意が欠かせません。本書籍の作例に必要な素材は全てダウンロードできますが、オリジナルの作品を作るときには撮影や録音にも挑戦してみて下さい。

撮影は細かく分けて複数回行うことで、後から編集がしやすくなります。

1 撮影しよう

現代ではスマートフォンの普及により誰もが気軽に動画を撮影することができるようになりました。実際に、スマートフォンで撮影した映像を使った映画やテレビドラマの作品も多数公開されています。

スマートフォンなどの身近にあるカメラを使用するメリットは、手軽に始められカメラの手入れをする心配が少ないことです。

気軽にチャレンジしてみましょう。

一方、高価なカメラを使用すると高品質な映像素材を自分の手で生み出せるようになります。まずは身近にあるカメラで撮影してみましょう。

② 録音しよう

映像とあわせて録音も行います。スマートフォンやカメラに内蔵されているマイクを使用したり、外部マイクを使用して収音したりと制作の規模によっても変わってきます。また、Premiere Proで編集しながら音声を吹き込むこともできます。音声や音楽も作品に大きな影響を与える要素です。後から録音もできますが撮影の際には忘れずに録音しておきましょう。

③ 素材サイトからダウンロードしよう

初心者でも外部サイトからダウンロードできる素材を組み合わせることで、高品質な映像を作ることができます。また、1人で動画を編集して完成させる自信がなくても、集めた素材をPremiere Proのテンプレートにはめ込むだけで作成することもできます。初心者だけでなく映画制作などでも外部サイトの素材を使うこともあるので、好きなものをダウンロードして使用してみると良いでしょう。ここでは筆者のおすすめする素材サイトをご紹介します。それぞれ使用規約があるので、必ず確認してから使用するようにして下さい。

幅広い素材を扱っているおすすめサイト

基本の動画や音楽だけでなく、Premiere Proで簡単に使用できるテンプレート素材もダウンロードすることができます。テンプレートは複数の動画に統一感を持たせたいときや、作業時間の短縮に活用できます。

• Adobe Stock	• Envato Elements
St Adobe Stock	**envato**elements
URL https://stock.adobe.com/jp/	URL https://elements.envato.com/
料金形態　有料（一部無料あり）	料金形態　有料（一部無料あり）
Adobeが提供する高品質な素材が揃っています。写真から動画、テンプレートまで幅広く用意されています。はじめて利用する場合は無料体験期間があります。	海外のサイト。映像、写真、音楽からPremiere Proのテンプレートまで幅広くサブスクリプション形式でダウンロードできます。

One Point　著作物の取り扱いについて

現代では無料でダウンロードできる素材がインターネットを通じて簡単に手に入ります。一方で無料だからといってどんな使い方をしても問題がないわけではありません。ダウンロードする際には、必ず利用規約を読んで許可された利用方法を守りましょう。また、素材は出典もとが信用できるものを使うことをおすすめします。

映像・画像素材のおすすめサイト

• Pexels

 Pexels

URL https://www.pexels.com/

料金形態　無料

素材のアップロードに高い基準を設けているため、高品質な画像や映像素材が無料でダウンロードできます。筆者も素材を公開しています。

• PAKUTASO

使って楽しい、見て楽しい
PAKUTASO™

URL https://www.pakutaso.com/

料金形態　無料

日本の写真を中心とした素材が揃っています。筆者はマテリアル素材をよく利用しています。

• Pixabay

pixabay

URL https://pixabay.com/

料金形態　無料（一部有料あり）

数多くの映像・写真・音楽の素材が揃っています。無料素材はサイズや画質に一部制限があるものもあります。

• motionelements

motion elements

URL https://www.motionelements.com/ja/

料金形態　素材による

動画クリエイター向けに幅広い素材が用意されています。登録すると1日5個まで無料でダウンロードすることができます。

音楽素材のおすすめサイト

• Audio Stock

 Audiostock

URL https://audiostock.jp/

料金形態　有料（一部無料あり）

サブスクリプション形式で利用できる日本のサイトです。効果音、音楽、ボイス素材があります。

• DOVA-SYNDROME

 CHARGE & ROYALTY FREE BGM
DOVA-SYNDROME
フリーBGM DOVA-SYNDROME

URL https://dova-s.jp/bgm/

料金形態　無料

BGMに使える音楽素材が揃っています。新着順やダウンロード数での検索の他に、ランダム検索の機能があります。

• Artlist

<u>URL</u> https://artlist.io/

<u>料金形態</u>　有料

海外発のかっこいい効果音、音楽素材が揃っています。はじめての場合、無料体験できる期間があります。

• BGMer

<u>URL</u> https://bgmer.net/

<u>料金形態</u>　無料

BGM専用の素材サイト。仕様用途にあわせてカテゴライズされているため、求めている素材を見つけやすく、YouTubeで試聴できます。

VFX素材のおすすめサイト

• FootageCrate

<u>URL</u> https://vfx.productioncrate.com/

<u>料金形態</u>　素材による

VFX用の映像や音声の素材が豊富に揃っています。アカウントを作ることで1日5個まで無料でダウンロードすることができます。

• BIGFILMS

<u>URL</u> https://bigfilms.shop/

<u>料金形態</u>　有料

フッテージ素材とVFX素材のサイトです。有料素材ですが使うと映像のクオリティがとても高まるので、本格的に作成する際におすすめです。

• TRIUNE DIGITAL

<u>URL</u> https://www.triunedigital.com/

<u>料金形態</u>　素材による

SF映画のような、クオリティの高いフッテージ素材とVFX素材が揃っています。

• ActionVFX

<u>URL</u> https://www.actionvfx.com/

<u>料金形態</u>　有料（一部無料あり）

映画向けのリアルなVFX素材が用意されています。また、素材の使い方についてチュートリアルが公開されています。

🖉アプリの起動　🖉上書き保存　🖉アプリの終了

Premiere Proを使ってみよう

Premiere ProはサブスクリプションサービスのAdobe Creative Cloudに含まれるアプリケーションの1つです。ここでははじめてダウンロードして利用するときの方法を説明します。

① Creative Cloudを契約する

まずはCreative Cloudアプリをダウンロードします。

ブラウザでPremiere ProのWebサイト（https://www.adobe.com/jp/products/premiere.html）を開き、バナーの中にある［無料で始める］❶をクリックします。プランを選択する画面に移るので、タブから当てはまるプラン❷をクリックして選択し、続けて［始める］❸をクリックします。はじめてCreative Cloudを利用する場合は7日間無料体験ができます。（2023年2月時点）

Adobe IDを作成します。メールアドレス❹を入力し、［続行］❺をクリックします。次に支払い方法を入力して［無料体験を開始］をクリックします。［パスワードを作成］❻をクリックして、設定するとアプリのダウンロード画面が開くので、Premiere Proの［ダウンロード］をクリックします。

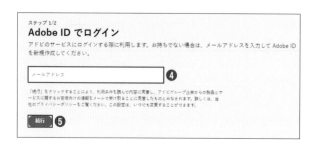

❷ Creative CloudとPremiere Proをインストールする

Creative Cloudのアプリが起動します。アカウント認証の画面で[続行]❶、[Creative Cloudと Premiere Proをインストール]の画面で[インストールを開始]❷をクリックします。インストールが完了するとCreative Cloudのアプリが立ち上がります。

❸ アプリを起動する

Creative Cloudアプリからインストール済みのアプリを確認することができます。

Premiere Proの[開く]❶をクリックすることでアプリが起動します。

④ アプリを終了する

Mac の場合

メニューバーの[Premiere Pro]❶から[Premiere Proを終了]❷をクリックすることでアプリを終了します。

Windows の場合

ウィンドウ右上の[閉じる]❶をクリックすることでアプリを終了します。

⑤ ショートカットを作成する

次回以降、簡単に Premiere Pro を起動できるようにショートカットを作成しておきましょう。

Mac の場合

アプリのアイコン❶を右クリックして[オプション]→[Dock に追加]❷にチェックを入れると、画面下の Dock に Premiere Pro のショートカットが追加されます。

Windows の場合

[スタート]メニュー❶から[Premiere Pro]を検索❷して、メニューから[タスクバーにピン留めする]❸をクリックすると、画面下のタスクバーに Premiere Pro のショートカットが追加されます。

これで Premiere Pro を使う準備が整いました。Chapter2 からは実際に動画を編集しながら Premiere Pro の機能を学んでいきましょう

便利な操作を覚えよう

筆者が Premiere Pro を使用する際にかなりの頻度で使うショートカットキーをここで紹介します。
書籍を読み進める中で、実際に使用してみて下さい。本書籍でのショートカットキーの表記は、OS に
よってキーが異なる場合は「Mac のショートカット（Windows のショートカット）」の形で表記して
います。

操作の取り消し ⌘ (ctrl) ＋ Z キー
直前の操作を取り消して 1 つ前の操作に戻ることができます。

上書き保存 ⌘ (ctrl) ＋ S キー
編集内容をプロジェクトファイルに保存することができます。

再生ヘッドの移動 ↑ と ↓ キー
再生ヘッド❶がクリップ❷上にある際に、↑ キーを押すと再生ヘッドが、トラックターゲット❸で選
択しているトラックのクリップの先頭❹に移動します。

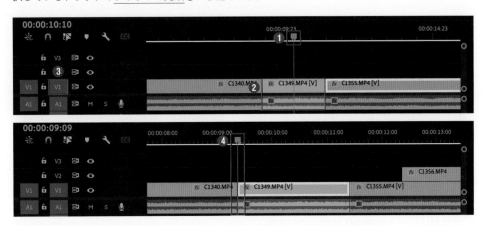

反対に ↓ キーを押すと再生ヘッドが次のクリップの先頭❺の位置に移動します。

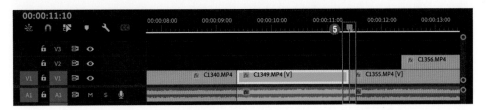

また、 shift ＋ ↓ (↑) キーで、トラックターゲットで選択されていないトラックのクリップの先頭❻
にも再生ヘッドを移動させることができます。

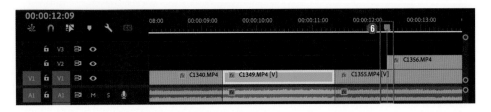

Premiere Pro を操作中、画面をクリックしたが何も変化がない場合は、以下のパターンを確認してみて下さい。

⊙パネルが選択されていない

別のパネルに移って操作を行おうとすると、パネルが選択されていないためボタンをクリックしても反応がないことがあります。一度操作したいパネル上をクリックするとパネルが選択状態（青い枠に囲まれた状態）になり、操作が可能になります。

⊙選択対象が正しくない

対象の選択が正しいか確認しましょう。機能によっては、正しい対象が選択されていないと働きません。操作するパネルが変わっても選択対象は解除されない点に注意が必要です。なお、選択中の状態は白い枠❶に囲まれたり、背景色が周りと比べて薄く❷なっています。

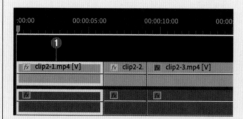 

⊙操作方法が正しくない

ダブルクリックや対象へのドラッグ＆ドロップを試してみましょう。特にエフェクトは種類によって必要な操作が変わってくるため注意が必要です。

⊙処理スピードが追い付けていない

ビデオクリップやエフェクトによっては多くの計算処理が必要となり、その間一時的に操作を受けつけなくなることがあります。パソコンの処理能力が問題の場合は、まずはプログラムパネルの［再生時の解像度］を 1/2 や 1/4 に下げてみましょう。それでも改善しないときは、動画素材をプロキシ化することで解決できる場合があります。（P.45 を参照）

⊙強制終了の方法

数分間待っても操作ができない状態でパソコン自体は動く場合はアプリの強制終了を行いましょう。

Mac の場合

［アクティビティモニタ］を開いて［Premiere Pro］を選択し、［停止］をクリックします。

Windows の場合

［タスクマネージャー］を開いて［Premiere Pro］を選択し、［タスクの終了］をクリックします。

再起動時にトラブルの報告ができます。Adobe に情報を共有することで今後のアップデートで問題の改善が行われる可能性があるので報告しておくとよいでしょう。

基本操作で編集する

この章では Premiere Pro の基本的な使い方を説明しながら、カット編集を中心とした簡単な動画を作成していきます。特典の解説動画も、あわせて確認してみて下さい。

レベルに合わせてやってみよう！

● **はじめて Premiere Pro を使う人**

紙面の順番にそって操作を進めていきましょう。始める前に解説動画を見ると操作方法をより理解できます。紙面を読みながら基本操作ができるようになりましょう。

● **Premiere Pro を使ったことがある人**

紙面を読みながら Premiere Pro の使い方の復習をしましょう。One Point や機能一覧を読んでさらに理解を深めて下さい。完成後は他の素材を追加してみましょう。

● **Premiere Pro の操作に自信がある人**

まず作例の動画を見て、ダウンロードした素材を使って再現してみましょう。わからないところや One Point を中心に紙面を読み進めましょう。他の素材も使って「海の生命」をテーマに作品を作ってみて下さい。

🔗 プロジェクト

プロジェクトを作成する

Premiere Pro で新たに編集作業をする場合、最初にプロジェクトファイルを作成します。このファイルには動画や音声などの素材への参照情報（リンク）と、設定した編集内容が保存されます。

❶ 新規プロジェクトを作成する

Premiere Proを起動して、新規プロジェクトを作成します。

Premiere Proのパネル左上にある［新規プロジェクト］❶をクリックします。

❷ プロジェクトに名前をつける

［プロジェクト名］のボックスにプロジェクトの名前を入力します。

ここでは［プロジェクト名：海の生命］❶と入力します。

③ プロジェクトを保存する

最後にプロジェクトファイルの保存先を選択します。

[プロジェクトの保存先]の☑❶をクリックし、候補の中から[場所を選択]❷をクリックします。

ダイアログが開くのでファイルの保存先を指定します。ここではあらかじめダウンロードした本書籍の教材データフォルダから[Chapter2]❸を指定し[選択]❹をクリックします。[作成]❺をクリックすると、プロジェクトファイル[海の生命.prproj]❻がフォルダ内に作成され、編集画面に移ります。これでプロジェクトの保存が完了です。

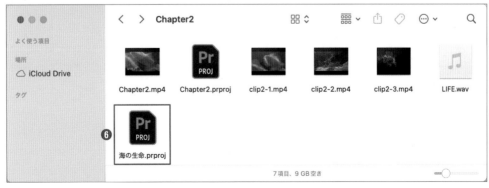

🖉 シーケンス 🖉 フレームレート 🖉 フレームサイズ

シーケンスを作成する

シーケンスの設定では書き出される動画のサイズや画質、フレームレートなどを変更することが可能です。異なる条件のシーケンスをプロジェクトの中に複数作成することができます。

① 新規シーケンスを作成する

何もないプロジェクトの中に**シーケンス**を作ります。

操作画面左下の枠は［プロジェクト］パネルと呼ばれ、素材の読み込みと管理を行います。［プロジェクト］パネル右下にある🔳［新規項目］❶をクリックし、メニューから［シーケンス］❷をクリックします。

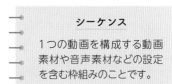

シーケンス

1つの動画を構成する動画素材や音声素材などの設定を含む枠組みのことです。

Lesson2でやること　プロジェクトの中にシーケンスを作る

プロジェクト

シーケンス
フレームサイズ　1920×1080 pix / フレームレート　24 fps

❷ シーケンスを設定する

［新規シーケンス］ダイアログ❶が表示されたら、作成する動画に合った条件を選択していきます。
［シーケンスプリセット］タブの［使用可能なプリセット］から［Digital SLR］→［1080p］→［DSLR 1080p24］❷を選択します。［プリセットの説明］❸では選択しているプリセットの詳細が確認できます。

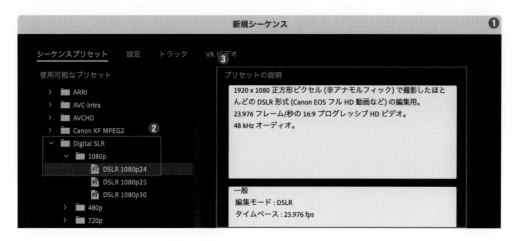

❸ シーケンスに名前をつけて保存する

ダイアログの下にある、［シーケンス名］❶に名前を入力します。
ここでは［海の生命］としました。［OK］❷をクリックしてシーケンスを保存します。シーケンスの設定が完了しました。

One Point

シーケンスの設定をカスタマイズする

テンプレートをもとにシーケンスの設定を自由にカスタマイズしたい場合は、［設定］タブ❶を選択し、［タイムベース（フレームレート）］や［フレームサイズ］などを変更することができます。自身のオリジナル動画を作成する際には素材や作品の使用用途に合わせて設定して下さい。

🔗 パネル　🔗 ウィンドウ

パネルを確認する

編集作業を始める前に Premiere Pro の操作画面を簡単に紹介します。詳しい操作説明は使用するタイミングで行っていくので、ここでは各パネルの呼び方を覚えておきましょう。

① 画面構成を知る

Premiere Pro の操作画面は大きく以下のように分かれています。

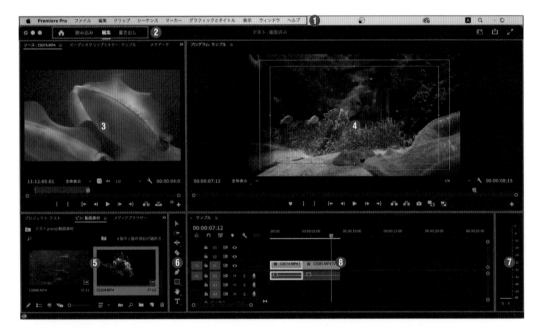

メニューバー①

Premiere Pro を操作するための様々な機能を持つコマンドが表示されています。

ヘッダーバー②

編集や書き出しなどの 作業工程によって画面を切り替えます。[ホーム]、[読み込み]、[編集]、[書き出し] の工程で切り替えることができます。

[ソース] モニター③

[プロジェクト] パネルから開いた素材を確認することができます。タイムラインに配置する前にクリップの再生や編集を行います。タブを切り替えることで、クリップのエフェクトを設定する [エフェクトコントロール] パネルなどを表示できます。（詳しくは P.47 を参照してください。）

[プログラム] モニター❹

[タイムライン] パネルで編集するシーケンスの内容を確認することができます。表示されているのは再生ヘッドがあるフレームの様子です。編集結果の確認や、[ツール] パネルにある [横書き文字ツール] や [ペンツール] などを使って直接作業をする部分です。(P.49 を参照)

[プロジェクト] パネル❺

プロジェクトに読み込んだ素材 (クリップ) を管理することができます。タブを切り替えて [エフェクト] パネルなどを使うことができます。

[ツール] パネル❻

編集時に使用する様々なツールを選択し、機能を切り替えることができます。アイコンの右下の角が縁取りされているツールはアイコンを長押しすると、普段表示されていないツールに切り替えることができます。例えば 🅣 [横書き文字ツール] を長押しするとメニューが開き ⅼ🅣 [縦書き文字ツール] が選択できるようになります。(P.52 を参照)

[オーディオメーター] パネル❼

再生しているクリップのオーディオのレベル (ボリューム) を確認できます。表示単位はデシベル (dB) になっています。

[タイムライン] パネル❽

編集するシーケンスを開き時系列でクリップを並べることで動画を編集していく、編集作業のメインとなるパネルです。マウス操作でクリップの移動やカット編集、速度の調整などを行います。(P.50 を参照)

One Point　パネルの大きさを変えるには

パネルの境界線を動かす

操作を行っていく中で、使いたいパネルのサイズを変更したくなる時があると思います。そのときは、各パネルの境界線を動かしましょう。パネルの境界線にマウスをあわせるとカーソルが変化❶します。その状態で画面をクリックし、そのままサイズを変えたい方向にドラッグして離すことで大きさを変えることができます。

パネルの大きさを戻す

Premiere Pro のデフォルトのパネル配置には [ウィンドウ] → [ワークスペース] → [初期設定] で戻すことができます。

また、お気に入りの状態を [ウィンドウ] → [ワークスペース] → [新規ワークスペースとして保存] で登録しておくことで、ワークスペース (P.40 を参照) に登録しておくことができます。

② 表示されていない種類のパネルを開く

初期状態の操作画面上に表示されていない種類のパネルを開きます。パネルは役割ごとに大きなグループにまとまっています。

メニューバーから［ウィンドウ］→［エフェクト］❶をクリックすると、Premiere Proの画面内に新たに［エフェクト］パネル❷が出現します。なお、既に出現しているパネルは［ウィンドウ］を開いたときに、表示されるパネル名の横にチェックマーク❸がついているかで確認できます。

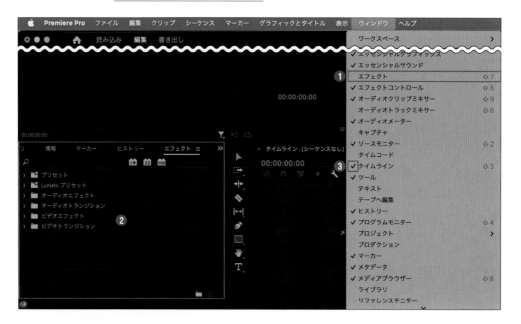

③ パネルの名称と役割を知る

ここではデフォルトでは非表示ですが、使用することの多いパネルとその役割について簡単に紹介します。

パネル名	役割
Lumetri カラー	映像の光と色の調整を行います。
Lumetri スコープ	映像の光と色の状態を波形で確認することができます。
イベント	エラーや書き出し時のステータスが表示されます。
エッセンシャルグラフィックス	追加したテキストやシェイプの色や形状など、グラフィックス関係の操作を行います。
エッセンシャルサウンド	オーディオクリップごとに細かな調整を行います。
エフェクト	標準エフェクトが機能別にまとめられています。
エフェクトコントロール	基本エフェクトや標準エフェクトの操作を行います。
ヒストリー	編集作業の履歴が表示され、クリックすることでその時点の編集状態に戻ります。
学習	チュートリアルが用意されており、使い方を確認できます。
テキスト	テキストやキャプションを作成・管理することができます。
ライブラリ	Creative Cloudから素材を保存したり、プロジェクトに読み込むことができます。
メタデータ	クリップのフレームレートや形式などの情報を確認することができます。
進行状況	Medeia Encoderなどでプロキシ作成等を行うときに進行状況を確認できます。

One Point

パネルの表示設定を変更する

編集作業中に、必要に応じてパネルの表示を切り替えることがあります。操作に慣れるために、先ほど開いた［エフェクトパネル］で試してみましょう。パネルを閉じてしまっても、メニューバーの［ウィンドウ］から再び表示させることができます。

画面の最大化

編集作業中にパネルを大きく確認したいことがあります。そんなときは拡大したいパネルのタブ❶上にマウスカーソルを置き、ダブルクリック、もしくは @ キーを押すことでパネルをフルスクリーンで表示できます。もう一度行うともとのサイズに戻ります。

パネル名の横にある▤［メニュー］❷をクリックすると、メニューから以下の操作ができます。

パネルを閉じる

選択しているパネルを閉じます。

パネルのドッキングを解除

パネルを別の独立したウィンドウ❸として表示します。

グループ内の他のパネルを閉じる

選択しているパネル以外の同じグループ内のパネルを全て閉じます。

🔖 ワークスペース 🔖 ワークスペースタブ

ワークスペースを確認する

編集作業は多岐にわたるため、工程ごとに使いたいパネルが変わってきます。ここでは編集中に簡単にパネル表示を切り替えられるようにワークスペースタブを表示させておきます。

❶ ワークスペースを確認する

動画編集といえば、カット編集を思い浮かべるかもしれませんが、その他にもエフェクトやテロップの作成、カラー補正などいくつかの作業工程があり、それぞれに適した**ワークスペース**があります。

Premiere Pro画面右上の🔲［ワークスペースメニュー］❶をクリックすると、様々なワークスペースの名前❷が確認できます。

ワークスペース

作業工程ごとによく使うパネルの配置があらかじめ設定されており、作業に合わせて選択すると自動でパネル表示が切り替わる便利な機能です。

---

❷ ワークスペースラベルを表示する

現在使用しているワークスペースを表示したい場合は、画面右上の🔲［ワークスペースメニュー］❶をクリックして一覧から、［ワークスペースラベルを表示］❷をクリックします。
すぐ隣に現在のワークスペース名❸が表示されるようになります。

③ ワークスペースタブを表示する

同様に［ワークスペースタブを表示］**❶**をクリックすると、ヘッダーバーに<u>ワークスペースタブ</u>**❷**が表示されます。表示されたワークスペース名をクリックすることでワークスペースを切り替えることができます。

各ワークスペースでどのようなパネル配置になるか、切り替えて確認してみて下さい。

④ ワークスペースの名称と特徴を知る

以下の表はワークスペースとその特徴をまとめたものです。作業によって使い分けるためにどのような種類があるのか把握しておきましょう。

ワークスペース名	特徴
アセンブリ	素材の検索と管理がしやすいようにプロジェクトパネルが大きく表示されている。
編集	タイムラインへの配置や編集がしやすいようにパネルが配置されている。
カラー	カラー調整をするためのLumetriカラーやスコープなどのパネルが表示されている。
エフェクト	エフェクトの適用と調整がしやすいようにパネルが表示されている。
オーディオ	クリップの音声や効果音、BGMを調整するためのパネルが表示されている。
キャプションとグラフィック	テキストや字幕の入力や、図形の挿入を行うパネルが配置されている。
レビュー	外部に作品を共有することができる［Frame.io］を利用することができる。
ライブラリ	Creative Cloud ライブラリを表示して利用することができる。

Frame.io とは

- -

Frame.io は Adobe アカウントと連携して利用できるクラウドの動画レビューツールです。使う場面としては動画の制作過程でクライアントに共有しコメントをもらったり、バージョン管理ができるのでチームで進捗を共有することなどに使えます。本格的に映像制作を行うようになったら活用してみて下さい。

素材を読み込む

Premiere Proで編集を行う素材には動画ファイルや画像ファイル、音声ファイルなどがあります。ここでは動画ファイルを取り込み、編集を行いやすい形式に変更します。

1 ビンを作成する

素材を取り込む前に、読み込んだファイルをわかりやすく管理するために**ビン**を作成します。ビンを作成するには [プロジェクト] パネル→■ [新規ビン] ❶をクリックします。作成したビンには [動画素材] ❷と名前をつけます。

ビン

プロジェクト内に読み込む動画や音声といった素材を入れておくフォルダのことです。動画や音楽、また日付ごとなどルールを決めてクリップを分けることで素材を探しやすくなります。

Lesson5でやること　プロジェクトの中にビンを作って動画素材を読み込む

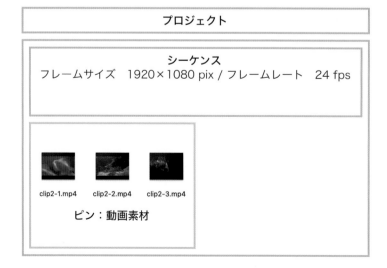

❷ 素材を読み込む

ビン［動画素材］❶をダブルクリックして、［ビン: 動画素材］を開きます。

メニューバーの［ファイル］→［読み込み］❷をクリックして使用する素材ファイルを指定します。ここではあらかじめダウンロードした、［Chapter2］から、［clip2-1.mp4］、［clip2-2.mp4］、［clip2-3.mp4］❸を選択して［読み込み］❹をクリックします。

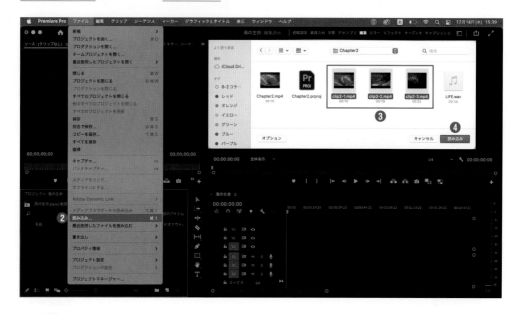

One Point

ドラッグ&ドロップで直接素材を読み込む

素材を読み込む方法には、Premiere Proの［プロジェクト］パネルやビンの中に、フォルダから直接ファイルをドラッグ&ドロップする方法もあります。

この方法でも［読み込み］と同様に動画のリンクが保存され、Premiere Pro上で編集することができるようになります。自分が使いやすい方法を覚えておきましょう。

③ 素材の情報を確認する

[プロジェクト] パネルの表示を、 [リスト表示] ❶に変更します。リスト表示ではフレームレートの行❷で各素材のフレームレートをまとめて確認できます。

④ フレームレートを変更する

今回はシーケンスを24fpsで設定しているので、使用する素材を24fpsへと変換します。
ビンの素材を選択した状態❶で、右クリックから [変更] → [フッテージを変換] ❷をクリックします。

表示された [クリップを変更] ダイアログ❸の [フッテージを変換] タブ❹をクリックし、[フレームレートを指定：24.00fps] ❺とします。ダイアログ右下の [OK] ❻をクリックして変換完了です。

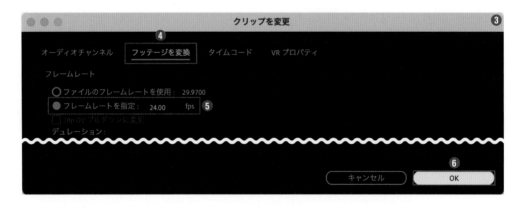

フッテージ

フッテージとは編集ソフトに読み込む動画や音声などの素材のことを指します。フッテージの種類によってmp4やmovといった拡張子やフレームレートといった設定も異なります。

Media Encoder でプロキシ素材を作成する

Media Encoder とは

Premiere Pro と一緒にダウンロードされる Media Encoder は詳細な設定を行って動画の書き出しや変換を行うことができます。

動画ファイルのサイズが大きくなると、パソコンの計算処理に時間がかかりプレビュー画面が動かなくなるなど編集しにくくなることがあります。そこで、Media Encoder を使ってプロキシファイルと呼ばれる軽量サイズの動画を書き出して置き換えることで、編集中の負荷を下げることができます。

プロキシを作成する

[プロジェクト] パネルでファイルサイズの大きいクリップを全て選択し、右クリックから [プロキシ] → [プロキシを作成] ❶ をクリックすることでプロキシファイルを作成することができます。[プロキシを作成] ダイアログが表示されるので、なるべくサイズの小さい [ProRes Low Resolution Proxy] などを選択するとサクサクと編集しやすくなります。

プロキシを書き出す

ダイアログの [OK] をクリックすると、選択していた動画がまとめて Media Encoder で書き出されます。書き出されたプロキシファイルには名前に [Proxy] がついています。

[プロキシの切り替え] を準備する

[プログラム] パネルの ➕[ボタンエディター] を開きます。▣[プロキシの切り替え] をドラッグして、メニューバーに配置します。

プロキシファイルに切り替える

▣ [プロキシの切り替え] をクリックするとアイコンが青色に変わり、同時に編集画面内のクリップについている▣[プロキシの切り替え]のマーク❷も青色に変わってプロキシファイルと入れ替わります。

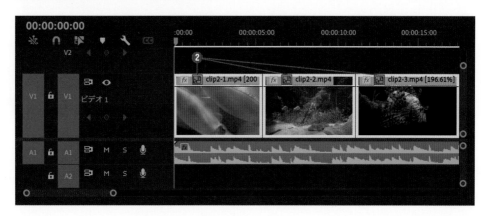

インをマーク　アウトをマーク

動画をプレビューする

読み込んだ素材をタイムラインに配置する前に［ソース］モニターでプレビューします。通常の再生だけでなく、1フレームずつの再生や逆再生もできるため細かな確認ができます。

［ソース］モニターでプレビューしておくと、タイムラインへの配置が楽になります。

▶ Tutorial.mp4 を参照

1 ［プロジェクト］パネルで確認する

［プロジェクト］パネルで ■［アイコン表示］❶
をクリックすると、表示が切り替わりクリップ
の内容を確認できるようになります。動画ク
リップの上でマウスカーソルを左右に動かす❷
ことでスキミング再生ができます。また、ス
ペースキーで再生、もう一度押すと停止させる
ことができます。

2 ［ソース］モニターの機能を知る

［ソース］モニターの機能のうち、多用するものを抜粋して紹介します。

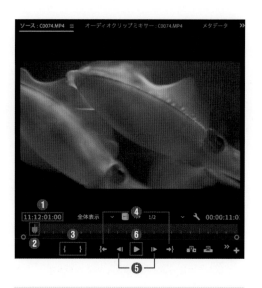

タイムコード❶
再生ヘッドがあるフレームを示しています。表示は、［時：分：秒：フレーム］を表します。

再生ヘッド❷
モニターに表示されているフレームの位置を示しています。

インをマーク／アウトをマーク❸
再生ヘッドがあるフレームにイン、もしくはアウトのポイントを指定します。

インへ移動／アウトへ移動❹
再生ヘッドをイン、もしくはアウトのフレームへ移動させます。

1フレーム前へ戻る／1フレーム先へ進む❺
再生ヘッドを現在よりも1フレーム前後に移動させます。

再生／停止❻
クリップを再生、もしくは停止させます。

> **インとアウト**
>
> 編集をする際の開始（イン）と終了（アウト）のポイントを指します。動画素材は最初から最後まで全て使用することは少なく、必要な部分をあらかじめ指定しておくことで、その後の編集がスムーズに進みます。

プレビュー時のショートカットキー

プレビューは配置前の確認だけでなく様々な場面で使用します。編集中に気になったときはどんどんプレビューで確認してみて下さい。ここでは使えると便利なショートカットキーを3つ紹介します。

キーの種類	はたらき
Ｌキー	再生、複数回押すと早送り
Ｊキー	逆再生、複数回押すと逆再生で早送り
spaceキー	再生、再生時に押すと停止

ショートカットキーは共通のため覚えておくと便利です。より詳しく知りたいときはP.258〜260を参照して下さい。

③［ソース］モニターで確認する

［ソース］モニターではタイムラインに配置する
前の動画素材を詳しく確認できます。
［プロジェクト］パネル内のクリップ［clip2-1.
mp4］❶をダブルクリックすると、［ソース］モ
ニター❷でプレビューすることができるように
なります。

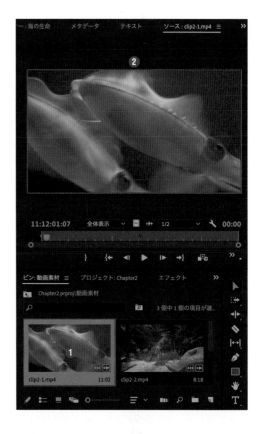

④ インとアウトを決める

まずは［ソース］モニターで動画をプレビューし
ながら、実際に使用する部分を決めて印をつけ
ます。
ここではクリップ［clip2-1.mp4］の使用を開始
したいフレーム❶に再生ヘッドをあわせ、
［インをマーク］❷をクリックして、インを打ち
ます。

インから6秒程度の長さを目安に終わりにした
いフレーム❸に再生ヘッドを合わせ、［アウ
トをマーク］❹をクリックしてアウトを打ちま
す。

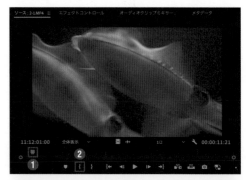

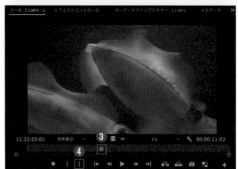

One Point

［プログラム］モニターで確認する

ここでは使用しませんが、［プログラム］モニターではタイムライン上で現在編集している内容をプレビューすることができます。表示されるのは［タイムライン］パネルの再生ヘッドがあるフレーム❶の様子です。ボタンの使い方は［ソース］モニターと同様です。

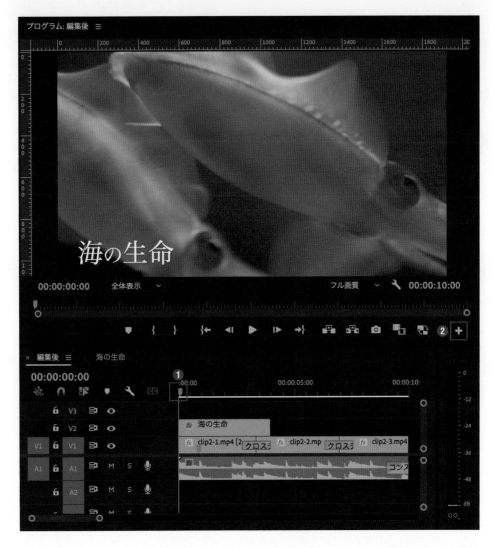

また［ソース］モニターと［プログラム］モニターはともに➕［ボタンエディター］❷から表示する機能を編集することができます。本書籍ではアイコンと機能を一覧にまとめて P.255 で紹介しています。編集に慣れてきたら自分の使いやすい仕様に変更してみましょう。

🔗 タイムラインに配置

タイムラインにクリップを配置する

タイムラインとはシーケンスを構成する映像や音声などのクリップを時系列で表示したものです。クリップの配置や選択するパネルとして直接触って編集を行っていきます。

① [タイムライン] パネルの機能を知る

タイムラインにクリップを並べていくことで1本の動画が完成します。クリップや再生ヘッドはドラッグ操作で簡単に移動できます。ここでは使うことの多い機能を抜粋して紹介します。

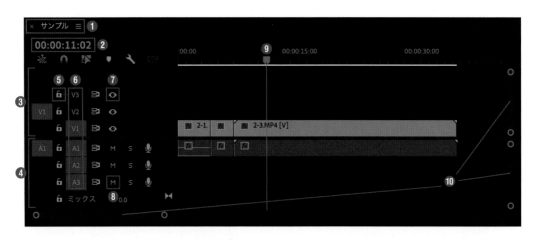

シーケンス名① 表示されているシーケンスの名称です。

タイムコード② 再生中の位置を [時：分：秒：フレーム] で表示します。クリックして時間を指定することで再生ヘッドを動かすことができます。

ビデオトラック③ 映像やテキストなどの視覚クリップを配置する場所です。複数のトラックにクリップが重なって配置されている場合、より上層のトラックのクリップが表示されます。

オーディオトラック④ 音楽や効果音、ナレーションなどの音声クリップを配置する場所です。

トラックのロック切り替え⑤ そのトラックを編集できないようにロックします。

トラックのターゲット設定⑥ 再生ヘッドの移動や、クリップのペーストの対象となるトラックを切り替えます

トラック出力の切り替え⑦ 再生時にトラックの表示/非表示を切り替えます

トラックをミュート⑧ オーディオトラックのミュート ON/OFF を切り替えます。

再生ヘッド⑨ 現在の再生位置を表示しています。

ハンドル⑩ バーを動かすとタイムラインの表示範囲を変更することができます。水平方向では時間軸表示に対する拡大縮小、垂直方向ではトラック表示に対する拡大縮小ができます。

② ［ソース］パネルから配置する

タイムライン上にクリップをドラッグ＆ドロップすることで並べていきます。

Lesson 6でインとアウトを決めたクリップ［clip2-1.mp4］を［ソース］パネルからドラッグ❶して、タイムラインにドロップ❷します。事前にインとアウトを決めておくと、その範囲だけがクリップとして配置されます。

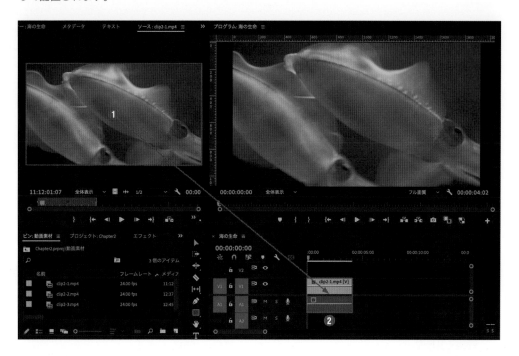

③ 素材を直接ドラッグして配置する

クリップは［プロジェクト］パネルやフォルダからもドラッグ＆ドロップして配置することができます。ここでは練習として、［プロジェクト］パネルからクリップ［clip2-2.mp4］❶をV1トラックのクリップにつなげて配置します。続けてダウンロードファイルの中から直接クリップ［clip2-3.mp4］❷をその後ろにつなげて配置します。

Lesson

8

🖉 [ツール] パネル 🖉 レーザーツール 🖉 リップル削除

カット編集する

動画編集の第一歩として、まずは [ツール] パネルにある [レーザーツール] を使ってタイムラインにあるクリップをカット編集していきます。

① [ツール] パネルの機能を知る

ここではデフォルトで表示されている [ツール] パネルの機能を紹介します。

選択ツール❶

クリップを選択して移動や、ドラッグ＆ドロップで挿入することができます。

トラックの前方選択ツール❷

タイムライン上で選択したクリップより右側のクリップをまとめて選択します。

リップルツール❸

クリップのイン点とアウト点を変更できます。またクリップを短くしたときのギャップを埋めます。

レーザーツール❹

クリップをクリックした位置で分割します。

スリップツール❺

クリップの長さを変えることなくイン点とアウト点の位置を変更します。

ペンツール❻

映像に挿入するシェイプを作成できます。

長方形ツール❼

映像に長方形のシェイプを挿入できます。

手のひらツール❽

ドラッグをすることでタイムラインや [プログラム] モニターでの位置を変更します。

横書き文字ツール❾

横書きのテキストを挿入します。

② クリップをカットする

タイムラインに配置しているクリップから使わない範囲をカットします。

[ツール] パネルから [レーザーツール] ❶をクリックします。そのままタイムライン上のカットしたい [00:00:08:00] 付近❷にポインタを合わせてクリックします。

また、再生ヘッドの場所でクリップをカットするには ⌘ (ctrl) ＋ K キーで実行できます。ここでは再生ヘッドを [00:00:11:00] 付近❸に合わせてカットします。同様に3つ目のクリップでも6秒程度の範囲を目安❹にカットします。

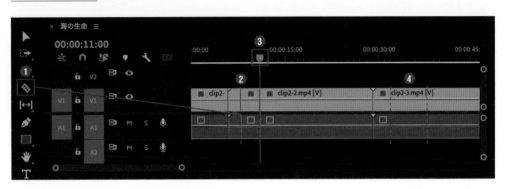

③ クリップとギャップを削除する

タイムラインでカットしたクリップは、不要なクリップが残ったままになってしまいます。

不要なクリップ❶を選択し delete キーを押して削除します。削除した部分にはクリップがないギャップ❷ができますが、これも選択して delete キーを押して削除することができます。

クリップと同時にギャップを削除する場合は不要なクリップ❸を選択して option (shift) ＋ delete キーもしくは、右クリックから [リップル削除] ❹をクリックします。同様に残りの不要なクリップも削除しておきます。

ギャップ

タイムライン上でクリップが配置されていない空白の部分です。[プログラム] モニターや書き出した動画には黒い画面が表示されます。

編集点

カットした部分はクリップ上で新たな編集の起点となるため編集点と呼ばれます。

⬚ スケール ⬚ 位置 ⬚ 回転

基本エフェクトを設定する

エフェクトには基本エフェクトと標準エフェクトがあります。今回使用する基本エフェクトは、タイムラインに配置したクリップに自動で備わっており、画面上の配置や大きさを変えることができる。

1 基本エフェクトを学ぶ

エフェクトは［エフェクトコントロール］パネルから詳細を設定することができます。ここではビデオクリップの基本エフェクトについて紹介します。

モーション❶

クリップに動きをつけるための項目が並んでおり、［位置］、［スケール］、［回転］、［アンカーポイント］、［アンチフリッカー］があります。

不透明度❷

クリップが表示されるときの透明度を設定します。［クリップの不透明度］、［マスクの追加］、［合成の描画モード変更］が設定できます。

タイムリマップ❸

クリップの再生速度を調整します。

ボリューム❹

オーディオクリップの音量を調整します。

チャンネルボリューム❺

オーディオクリップのL（左側）とR（右側）のチャンネルのボリュームを調整します。

パンナー❻

オーディオをL（左側）とR（右側）に振り分けます。

アンカーポイント

ビデオ素材やテキスト等の中心点・軸になる点（座標）のことです。この点を中心に拡大や回転が適用されます。デフォルトでは中央となる点が設定されていますが、変更も可能です。

② スケールを調整する

アンカーポイントを中心にクリップを拡大します。

タイムラインでクリップ［clip2-1.mp4］❶を選択すると、［エフェクトコントロール］パネル❷に基本エフェクトが表示されます。［モーション］→［スケール］の数値を大きくすると、クリップが拡大されズームするようになります。青い文字をクリックして直接数値を入力し、［スケール：110.0］❸に拡大します。

③ 位置を調整する

続けて拡大したクリップの配置を調整します。［モーション］→［位置］の2つの数値は水平方向のx軸と、垂直方向のy軸を示しています。再生ヘッド❶を先頭に戻して、映像のイカの目玉がより画面の中央に近くなるように、［位置］の青い数字をドラッグして左右に動かし［位置：880.0 490.0］程度❷に変更します。

One Point

［位置］の数字と方向の関係

［位置］のx軸をマイナス方向（左）にドラッグして数値を下げていくと映像が左へと動きます。この場合ドラッグの方向と映像の動きは一致しています。

一方でy軸の場合はマイナス方向（左）にドラッグして数値を下げていくと映像が上へと動きます。数値は下がるのに映像は上に動くので注意しましょう。

❹ 回転を調整する

今度は映像の傾きを調整します。

タイムラインからクリップ [clip2-2.mp4] を選択し、再生ヘッド❶をクリップの中央付近に合わせます。[モーション] → [回転] の数値は角度を示しており、青い文字をクリックして⬆もしくは⬇キーで調整し [回転: 2.0°] ❷とします。

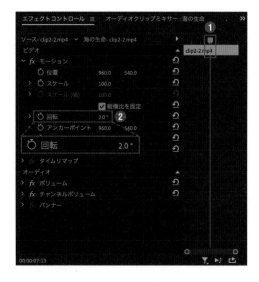

[回転] させると画面の四隅に余白❸が発生してしまいます。[スケール: 105.0] ❹に拡大することで余白をなくします。

 One Point

アンチフリッカーとは

撮影に蛍光灯の光などを使うと、まれに画面に横筋のようなものがちらつくフリッカー現象が起きます。その場合、基本エフェクトの [アンチフリッカー] を使うことでちらつきを軽減させることができます。[エフェクトコントロール] パネル→ [アンチフリッカー] の数値を上げるほどちらつきを軽減することができますが、その分、動画がぼやけてしまうので注意が必要です。

標準エフェクトとは

3章以後では［エフェクト］パネルから選択し、追加で適用させる標準エフェクトも使用していきます。標準エフェクトを使うことで動画に様々な効果を追加できます。

標準エフェクトを追加すると、新たに［エフェクトコントロール］パネル内に追加した標準エフェクト（ここではブラー）の項目❶が表示されます。

エフェクトには適用してすぐに効果が表れるものと、適用してから［エフェクトコントロール］パネルで調整することではじめて効果が表れるものがあります。［レンズフレア］（P.171、250を参照）や［4色グラデーション］（P.169を参照）は適用するとすぐに画面に変化がありますが、［ミラー］や［ブラー］などはエフェクトの値を調整するまで効果が表れません❷❸。

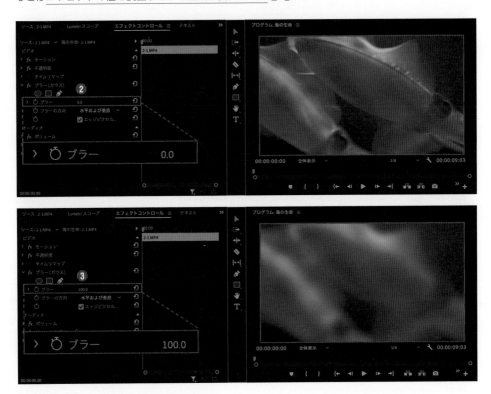

様々なエフェクトの種類と調整方法を覚えて、自分の理想とする映像効果を表現していきましょう。

🖉 速度・デュレーション　🖉 レート調整ツール

クリップの再生速度を変更する

[速度・デュレーション] ではクリップのスロー再生や早送り、逆再生を設定できます。また、[レート調整ツール] を使うと、タイムライン上でも速度の変更が行えます。

1 [速度・デュレーション] で早送りする

クリップの速度を変えて早送りの表現を作ります。

タイムライン上で、速度を変更したいクリップ [clip2-1.mp4] ❶を選択し、右クリックから [速度・デュレーション] ❷をクリックします。

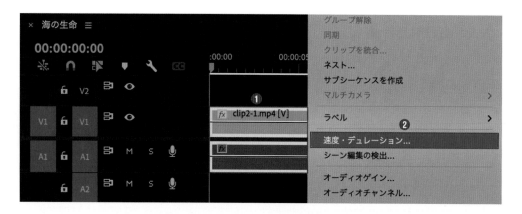

[クリップ速度・デュレーション] ダイアログ❸が表示されます。[速度: 50%] に変更すると1/2の速さのスローモーションになり、逆に [速度: 200%] に変更すると2倍速で再生される早送りになります。

ここでは [速度: 200%] ❹の早送りとし、[変更後に後続のクリップをシフト] ❺をチェックして、[OK] ❻をクリックします。

② レート調整ツールで早送りする

レート調整ツールを使うと、クリップの端をドラッグすることで速度を感覚的に変更することができます。

[ツール] パネルの ⇔ [リップルツール] ❶ を長押しして、メニューから ⇥ [レート調整ツール] ❷ をクリックします。タイムライン上でクリップ [clip2-3.mp4] の後端 ❸ をドラッグして、速度の表示が [200%] 程度 ❹ になるところまでクリップを縮めることで約2倍の早送りにします。

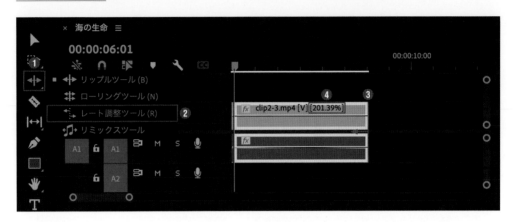

クリップ速度・デュレーションを使いこなす

[逆再生]
チェックを入れると、クリップのアウトからインに向かって再生されるようになります。

[オーディオのピッチを維持]
チェックを入れるとクリップの速度を変えてもオーディオの音の高さは変わらなくなります。

[変更後に後続のクリップをシフト]
チェックを入れるとクリップが短くなったときにギャップが生じないように後続のクリップが自動で移動します。

[補間]
クリップ速度が変更されたときに、あらかじめ設定していたシーケンスよりもクリップのフレーム数が少なくなりフレームが足りなくなることがあります。その場合、以下の方法から選んで自動的に補間することができます。

種類	働き
フレームサンプリング	足りないフレームを既存のフレームを複製して補完します。映像としては切り替わらないのでカクカクした動きになります。
フレームブレンド	足りないフレームを既存のフレームをブレンドして作成して補完します。スムーズな映像になります。
オプティカルフロー	フレーム間の動きを予測して新しいフレームを作成して補完します。フレーム間に大きな動きのない映像に適しています。

Lesson
11

ソロトラック *トラックをミュート* *キーフレーム*

オーディオクリップを配置する

シーケンスにはBGMや効果音としてオーディオファイルを追加することができます。ここではMP3ファイルをBGMとして追加し、基本的な調整を行っていきます

① オーディオファイルを読み込む

オーディオファイルもビデオファイルと同様に［プロジェクト］パネルに追加することができます。［プロジェクト：海の生命］に新規ビン❶から、ビン［音楽素材］❷を作成し、その中にダウンロードファイルの［Chapter2］からオーディオファイル［LIFE.wav］❸を追加します。

Lesso11でやること
プロジェクトの中にビンを作って音楽素材を読み込みシーケンスに配置する

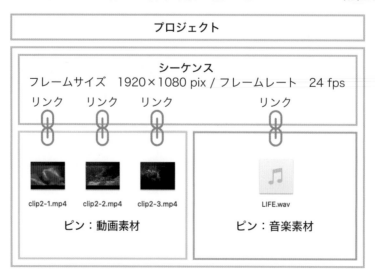

❷ クリップをオーディオトラックに追加する

［プロジェクト］パネルからクリップ［LIFE.wav］❶を選び、［タイムライン］パネルのオーディオト
ラックに配置します。今回はA1トラックには既にビデオクリップのオーディオがあるので、下層の
A2トラック❷に配置します。

音声クリップは動画クリップと同様に移動やカット編集を行うことができます。
A2トラックに配置したクリップを選択し、他のクリップの長さに合わせてカットして余った分は削
除❸します。

❸ ［トラックをミュート］と［ソロトラック］を切り替える

オーディオを消して映像だけを再生しながら確
認したい場合は［トラックをミュート］と［ソロ
トラック］を使い分けます。
［トラックをミュート］❶をクリックすると、ボ
タンが緑になりそのトラックがミュート状態と
なります。また、［ソロトラック］❷をクリック
するとボタンが黄色になり、そのトラックのみ
が再生されるようになります。どちらの機能も
解除するには再び同じボタンをクリックします。

④ ボリュームを調整する

A2トラックに配置したBGMのボリュームを調整します。

オーディオトラックのハンドル①を動かし、A2トラックの表示を広げます。すると、オーディオクリップに［ラバーバンド］②と呼ばれる線が出現します。この［ラバーバンド］を上下に動かすことでボリュームを調整ができるので、ここでは下にドラッグして③ボリュームを少しだけ下げます。

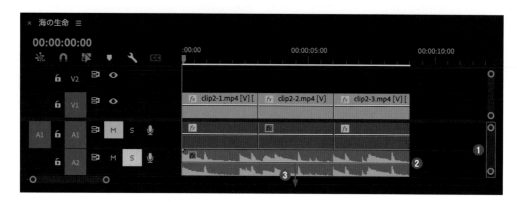

One Point

その他のボリューム調整の方法

- -

ここでは今回使用しなかったボリューム調整の方法を紹介します。

［エフェクトコントロール］パネルで調整する

クリップを選択した状態で［エフェクトコントロール］パネル→［ボリューム］→［レベル］①を調整します。もとのオーディオファイルのボリュームが基準の［0.0dB］となっています。

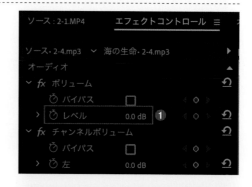

［オーディオクリップミキサー］パネルで調整する

各オーディオトラックのゲージ部分のスライダー②を上下させることで調整します。

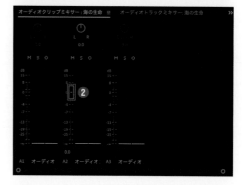

5 キーフレームで音量を徐々に下げる

キーフレームを使うことで時間変化に応じてエフェクトの効果を変化させることができます。再生ヘッド❶を［00:00:07:00］にあわせます。［ボリューム］→［レベル］にある◎［キーフレームの追加］❷をクリックすることでキーフレーム❸を作成し、その地点での［レベル］のパラメーターを記録します。

続いてクリップの最後に再生ヘッド❹をあわせて、［レベル:-∞］❺に下げることでキーフレーム❻が自動で作成されます。音量が徐々にフェードアウトしていく効果ができました。

キーフレーム

編集効果を特定の区間に適用させるために必要な目印のことです。開始のフレームと終了のフレームを指定し、2点間のパラメーターの変化量をもとにしてその間のフレームに自然な編集効果を適用させることができます。エフェクトごとに作成することができます。

 One Point

お手軽キーフレームの作り方

オーディオクリップ上のラバーバンドの上を✐［ペン］ツールや ⌘（ctrl）キーを押しながらクリックすることでも［レベル］のキーフレームを打つことができます。このラバーバンド上のキーフレームを上下にドラッグすることでパラメーターを調整できます。
また、ビデオクリップ上では同様に［不透明度］のキーフレームを作成することができます。
音楽に合わせてビデオクリップもフェードアウトさせることができます。

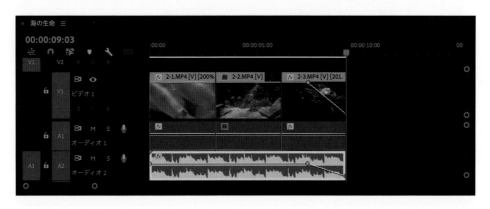

⌕クロスディゾルブ ⌕位置 ⌕回転 ⌕不透明度

トランジションを適用する

ビデオクリップから次のビデオクリップへと場面転換する際の効果をトランジションと呼びます。トランジションは［エフェクト］パネルから選択して追加します。

前のクリップ

トランジション
（クロスディゾルブ）

後のクリップ

クロスディゾルブは場面を選ばず使いやすいのでおすすめのトランジションです。

▶ Tutorial.mp4 を参照

① トランジションを追加する

クリップの切り替わりを自然にするためには**トランジション**を使います。
［エフェクト］パネル❶から［ビデオトランジション］❷のフォルダを開くと様々なトランジションが確認できます。今回は［ディゾルブ］→［クロスディゾルブ］❸を選択し、クリップが徐々に透明になり次のクリップへと切り替わる効果を適用します。トランジションを適用する際はタイムラインのクリップとクリップの境にエフェクトをドラッグ＆ドロップ❹します。

トランジション

一般に「変化」や「移行」を意味する言葉で、映像制作ではカットを切り替える際に、そのつなぎ部分に使う効果のことを指します。

② トランジションをデフォルトに設定する

よく使うトランジションをデフォルトに設定しておくと、クリップを shift や ⌘（ctrl）キーで複数選択し、⌘（ctrl）＋ D キーのショートカットでまとめて適用することができます。

トランジション［クロスディゾルブ］❶を選択し、右クリックから［選択したトランジションをデフォルトに設定］❷をクリックします。ここでは全てのビデオクリップ❸を選択し、⌘（ctrl）＋ D キーを押してトランジションをまとめて適用します。

③ トランジションの調整

トランジションはタイムライン上でクリック選択して削除や、ドラッグで適用範囲を変更することができます。また、［エフェクトコントロール］→［配置］❶からトランジションの開始点を変更することができます。

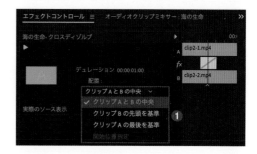

ここではシーケンス先頭のクリップにかかっているクロスディゾルブ❷は必要ないので、タイムライン上でクリックして選択し、delete キーで削除します。

予備のフレームを理解しよう

トランジションは前側クリップのアウトより後ろのフレームと、後側クリップのインより前のフレームを利用して作成されます。これらを予備のフレームと呼びます。

予備のフレームが足りない場合は端のフレームが繰り返されて使用されるため不自然なトランジションになってしまいます。予備フレームを確保した状態でトランジションを適用すると良いでしょう。そのためにも早い段階で各クリップのインとアウトを決めておくことが重要です。

✐ [横書き文字] ツール　　*✐* セーフマージン

テキストを挿入する

映像の上にタイトルや字幕などのテキストを挿入していきます。テキストは横書き文字ツールを使って作成し、配置や見た目も簡単に変更できます。

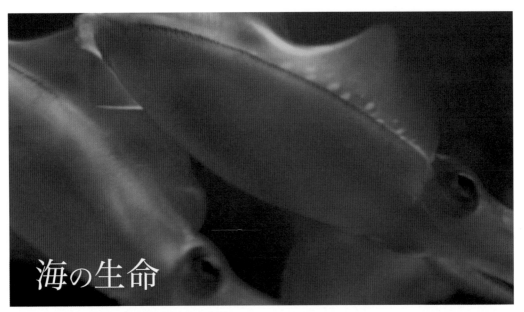

テキストを使うことで簡単に情報を示すことができます。

▶ Tutorial.mp4 を参照

1 テキストを入力する

画面左下にタイトルを作成します。

[ツール] パネルから **T** [横書き文字ツール] **❶** を選択します。[プログラム] モニター上をクリックするとテキストボックス **❷** が表示されるので、タイトル [海の生命] を入力します。[タイムライン] パネルのV2トラックにタイトル名のグラフィッククリップ **❸** が作成されます。

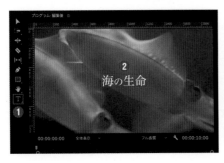

② セーフマージンを展開する

テキストの位置を調整する際は目安としてセーフマージンを活用します。セーフマージンはテレビのモニター画面で確実に表示される領域の目安を示したものです。

［プログラム］モニター上で右クリックから［セーフマージン］❶をクリックすると、画面内にガイド線❷が現れます。

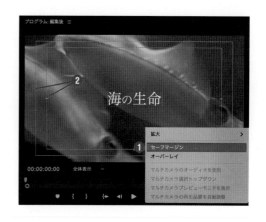

③ テキストの内容を調整する

ワークスペースを［キャプションとグラフィック］❶に変更すると、テキストの編集に適した画面構成に切り替わります。［プログラム］モニター上のテキストをクリック選択してドラッグでの移動や、ダブルクリックでテキスト内容の変更を行うことができます。

ここではタイトル［海の生命］❷をクリックし、セーフマージンを目安に画面の左下へドラッグで配置します。最後にタイムラインでグラフィッククリップ❸の長さを調節します。

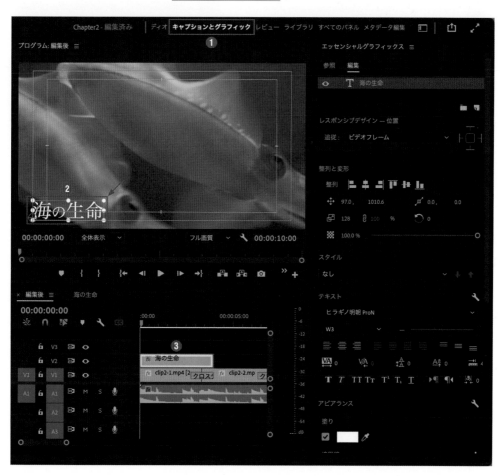

🔗 書き出し

動画を書き出す

編集したままのプロジェクトファイルはPremiere Proでしか再生できません。プロジェクトファイルを1本の動画ファイルとして書き出すことではじめて異なる媒体で再生ができるようになります。

1 書き出し設定画面に切り替える

ここまで編集してきたシーケンスを書き出します。

[プロジェクト] パネルから書き出したいシーケンス [海の生命] ❶を選択し、ヘッダーバーの [書き出し] ❷をクリックします。

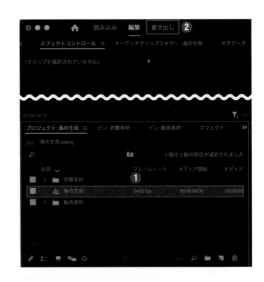

Lesso14でやること　シーケンスをMP4ファイルとして書き出す

プロジェクト

シーケンス
フレームサイズ　1920×1080 pix / フレームレート　24 fps

リンク　　　　リンク　　　　リンク　　　　　　　　　リンク

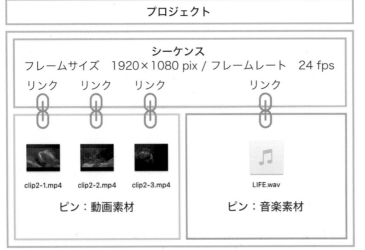

書き出し

海の生命.mp4

clip2-1.mp4　　clip2-2.mp4　　clip2-3.mp4

LIFE.wav

ピン：動画素材　　　　　　　　　　ピン：音楽素材

❷ 書き出し設定を行う

書き出すファイル名や場所、形式を選択します。

パネル左側に書き出し形式の一覧があるので［メディアファイル］❶を指定します。ここでは［ファイル名：海の生命］❷、［形式：H.264］❸とし、［書き出し］❹をクリックすることでそのままPremiere Proから書き出しが始まります。ダイアログに表示される進捗率が100％になると書き出しが完了です。書き出した動画を確認してみて下さい。

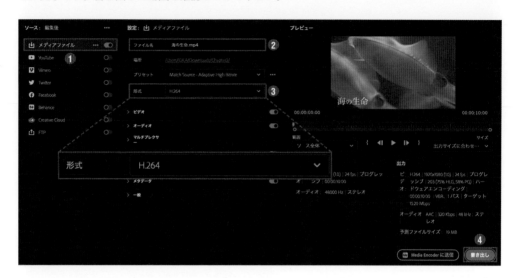

H.264

動画の圧縮規格の1つで、動画サイズをできるだけ小さく高画質で書き出してくれる特徴があります。

Media Encoder で書き出す

書き出し画面で［Media Encoder に送信］をクリックするとシーケンスの情報がMedia Encoder に送信されます。Media Encoder を使用することでより細かい設定や、複数の書き出しを行うことができます。

また、書き出し中にも Premiere Pro を使用することができるので、時間がかかる大きなサイズの動画を書き出す際に活用して下さい。

はじめての動画編集はいかがだったでしょうか。ここまでで基本的な操作はひと通り体験してもらいました。

カット編集でクリップをつなぎ合わせるだけでも、それなりのものが出来上がりますが Premiere Pro のエフェクト機能を使うとよりクオリティの高い動画に仕上がります。

○自然に終わらせる

今回の作例ではオーディオクリップをビデオクリップの長さにあわせてカットしたので、動画の最後に音楽が突然途切れる形になっています。著者の作例では自然に終わらせるために、オーディオトランジションから［コンスタントパワー］をオーディオクリップの最後に適用しています。

［エフェクト］パネルで［コンスタントパワー］を検索し、クリップの末端付近へドラッグ＆ドロップすると効果が適用されます。

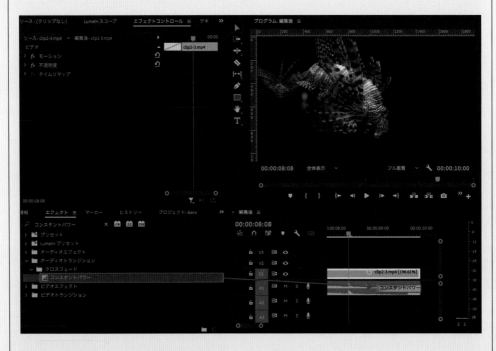

［コンスタントパワー］は場面が切り替わった際に発生することがある、「ブツッ」というノイズを軽減する際にも使えるトランジションです。撮影時の音を利用するときにはよく使うので覚えておくとよいでしょう。

タイトルで印象付ける

この章では動画投稿サイトでよく見かける、簡単な解説動画をイメージした作例を作ります。テキストと装飾を使って印象に残るタイトルの表現を作成していきましょう。

レベルに合わせてやってみよう！

◉━ はじめて Premiere Pro を使う人

紙面の順番にそって操作を進めていきましょう。まずは作例の再現を目指します。ゾウのパートが終わったら章末の Backyard を読み進めて動画を完成させましょう。

◉━ Premiere Pro を使ったことがある人

マーカーやテンプレートなど編集を効率的に行う工夫を実践しながら覚えて、スキルアップを目指して下さい。余裕があればタイトルの装飾を自分で考えてみましょう。

◉━ Premiere Pro の操作に自信がある人

まず作例の動画を見て、素材を使って再現してみましょう。自分で音声を録音し、ランキング形式のオリジナル動画の作成に挑戦してみて下さい。

🔗 ボイスオーバー録音　🔗 ボイスオーバー録音設定

ボイスオーバー録音で音声を吹き込む

ボイスオーバーを使うと、編集中の画面に合わせて直接音声を吹き込むことができます。ここでは機能の説明を行いますが、あらかじめ収録されている音声をそのまま使用しても問題ありません。

① オーディオの環境設定を変更する

はじめに、パソコンのスピーカーから出た音声を拾うことで発生してしまうフィードバックやエコーを防ぐ設定へと変更しておきます。
メニューバーから [Premiere Pro] → [環境設定] → [オーディオ] ①をクリックします。

[環境設定] ダイアログ②が開くので、[オーディオ] タブ③を開きます。[タイムラインへの録音中に入力をミュート] ④にチェックを入れ、右下の [OK] ⑤をクリックします。

② ボイスオーバーの設定を変更する

事前に録音に使用するデバイスを設定します。

🎤 [ボイスオーバー録音] ①のアイコンを右クリックして、[ボイスオーバー録音設定] ②をクリックします。表示された [ボイスオーバー録音設定] ダイアログ③の [Source]（出力デバイス）と [Input]（入力デバイス）④をそれぞれ選択し、右側のチェックボックス⑤で収録開始前に表示されるカウントダウンの設定を行います。最後に右下の [Close] ⑥をクリックしてダイアログを閉じます。

③ ボイスオーバーの録音を行う

実際にマイクに向かって喋った音声をオーディオクリップとしてトラック上に作成します。

[タイムライン] パネルで音声クリップを作りたいトラックの 🎤 [ボイスオーバー録音] ①をクリックします。

[プログラム] モニターにカウントダウン②が開始され録音が始まります。録音を終了する場合は、再び 🎤 [ボイスオーバー録音] ①をクリックします。

ボイスオーバーの録音のテクニック

既に他のオーディオファイルがトラック上にある場合
音声が上書きされる形で録音されてしまうので、空のトラックにある 🎤 [ボイスオーバー録音] のアイコンをクリックして別のクリップとして録音しましょう。

録音をやり直したい場合
やり直したい部分の先頭に再生ヘッドを持ってきた状態で 🎤 [ボイスオーバー録音] をクリックすると、その部分から上書きして録音を行うことができます。

🖉 マーカー

マーカーを作成する

編集を始める前にクリップにマーカーと呼ばれる目印をつけます。マーカーは編集時の目印としての役割だけでなく、光学ディスクへ出力した際のチャプターとして使用することもできます。

1 クリップにマーカーを追加する

ゾウの紹介パートが始まるフレームに目印としてマーカーを追加します。

オーディオクリップ [narration.wav] ❶を選択し、波形の切れ目がある [00:00:05:20] 付近に再生ヘッド❷を移動させます。[タイムライン] パネルの ▼ [マーカーを追加] ❸をクリックして、クリップ上にマーカー❹を追加します。

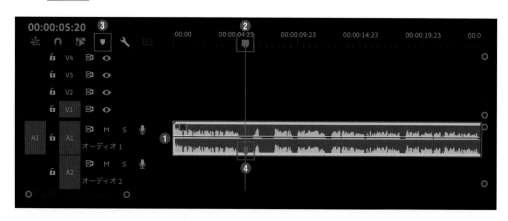

マーカー

クリップやシーケンスの任意のフレーム（範囲）につけることのできる目印のことです。名前やメモを設定するだけでなく、マーカーを目印に移動することもできます。

② マーカーを編集する

マーカーに名前と色をつけてこの後の編集の目
印にします。

再生ヘッド❶を既にマーカーのあるフレームに
合わせた状態で、もう一度 🔲[マーカーを追加]
❷をクリックします。

[マーカー]ダイアログ❸が開くので、ここでは
[名前:ゾウ]❹として、[マーカーの色:赤]❺
を選択して[OK]❻をクリックします。

One
Point

マーカーの詳細設定

マーカーを追加する方法
ここで紹介した以外にもマーカーを追加する方法として、ショートカットに M キーがあります。また、
メニューバーから[マーカーを追加]を選択する方法や、[ソース]パネルと[プログラム]パネルにある
🔲[マーカーを追加]をクリックする方法もあります。

シーケンスのマーカー
ここではクリップを選択した状態でマーカーを追加しましたが、選択していない状態でマーカーを追加
するとシーケンス全体に対してのマーカー❶が作成されます。シーケンスに追加したマーカーは
option (alt)キーを押しながらドラッグすることで伸ばすことができます。例えば「この区間に明る
い音楽を配置する」など、一定区間に関するメモとして活用できます。

マーカーの削除
不要になったマーカーは右クリックから[マーカーを消去]❷を選択して取り除くことができます。

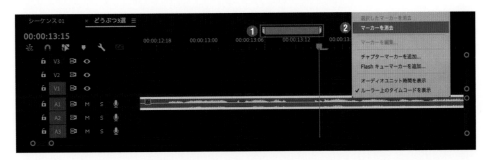

🖉スケール 🖉整列と変形 🖉シャドウ 🖉不透明度

タイトルを作成する

写真素材とテキストを使って簡単なタイトル画面を作成します。ここではテキストに色や縁などを追加して、小さな画面に表示された場合でも目立つように調整していきます。

⬡ 画像を挿入する

ワークスペースを［編集］❶に切り替えます。画像［photo3-1.jpg］❷をタイムラインに配置し、クリップの端❸をドラッグして、先頭からマーカー［ゾウ］❹までの長さに合わせます。［プログラム］モニターでこの後の編集の様子が確認できるように、再生ヘッド❺は先頭にあわせておきます。

② 映し出される映像の中心を移動させる

画像クリップのサイズをフレーサイズに合わせ
て縮小し、中央に表示させます。
クリップ [photo3-1.jpg] を選択し、[エフェク
トコントロール] パネル❶を開きます。[モー
ション] → [スケール: 50.0] ❷に設定し、[プ
ログラム] モニターで画像全体が見えるように
します。次にゾウの鼻全体が映るように [位置:
960.0 600.0] 程度❸に移動させます。

③ テキストを作成する

[ツール] パネルから🅣[横書き文字ツール] ❶をクリックします。[プログラム] モニター上をクリック
し、表示されるテキストボックス❷に [おすすめ！] と入力します。タイムラインに新しくグラフィック
クリップ❸が作成されるので、クリップの端をドラッグ❹しV1トラックのクリップと長さを合わせます。

④ テキストを中央へ配置する

テキストを編集しやすくするためにワークスペースを [キャプションとグラフィック] ❶に切り替え
ます。テキスト❷を選択している状態で [エッセンシャルグラフィックス] パネルの [編集] ❸を開
きます。[整列と変形] → 🅱[水平方向に中央揃え] ❹をクリックします。

⑤ テキストを複数配置する

グラフィッククリップを選択した状態で[T][横書き文字ツール] ❶をクリックし、［プログラム］モニターの別の場所に新たなテキスト［どうぶつ3選！！］❷を作成します。作成したテキストは新たなクリップではなく、グラフィッククリップに含まれる**レイヤー**❸の1つとなります。グラフィッククリップのレイヤーは［エッセンシャルグラフィックス］パネルで確認できます。

レイヤー

レイヤーは直訳の通り階層のことです。テキストやシェイプなどトラックに重ねて配置されたもので構成されます。上に配置されているものから順に前面に表示されます。

---

⑥ テキストを変形する

［プログラム］パネルを右クリックから、［セーフマージン］❶をクリックして表示させます。［エッセンシャルグラフィックス］パネルで、レイヤー［どうぶつ3選！！］❷を選択します。［整列と変形］→ [アニメーションのスケールを切り替え：167] 程度❸に変更し、選択しているテキストを拡大します。最後に配置を確認しながら、2つのテキストがバランスよく中央に配置されるように [アニメーションの位置を切り替え]❹の数値を調整していきます。

One Point

スケールロックのオンオフ

[アニメーションのスケールを切り替え]を使用するときには[スケールをロック]❶がオンになっていないと、水平方向と垂直方向のスケールがバラバラに拡大されてしまうので注意が必要です。

⑦ テキストに影をつける

[プログラム]モニター上でテキスト[おすすめ！]❶をダブルクリックして選択状態にします。[エッセンシャルグラフィックス]パネル→[アピアランス]→[シャドウ]❷のチェックを入れることで、テキストの背景にシャドウが追加されテキストが見やすくなります。

One Point

シャドウの設定項目

シャドウは以下の要素を細かく設定することができます。使う場面にあわせて、それぞれの条件を設定してみましょう。

要素	内容
不透明度	シャドウの濃さを表します。0%のときに非表示になります。
角度	対象からシャドウが伸びていく角度です。
距離	対象とシャドウとの間隔です。間隔を空けないときは0にしておきます。
サイズ	対象から広がるシャドウの大きさです。
ブラー	シャドウの濃さです。数値が大きいほど拡散して薄くなります。

⑧ テキストの色と枠線を追加する

［エッセンシャルグラフィックス］パネルからテキスト［どうぶつ3選！！］❶を選択します。［アピアランス］→［塗り］のカラーボックス❷をクリックし色を変更していきます。

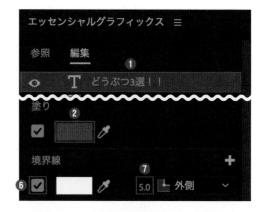

表示された［カラーピッカー］ダイアログ❸で赤［#EA0C00］❹を選択し、［OK］❺をクリックします。続けて［境界線］❻にチェックを入れ［境界線の幅: 5.0］❼へ上げることで、テキストの外枠を追加します。

⑨ カラーマットを作成する

画像の上に配置した文字をさらに見やすくしていきます。

ワークスペースを［編集］に戻し、［プロジェクト］パネルの ▤［新規項目］→［カラーマット］❶を選択します。［新規カラーマット］ダイアログ❷はデフォルトの設定のままで、［OK］❸をクリックすると、続けて［カラーピッカー］ダイアログが表示されるので黒［#000000］を指定して、［OK］をクリックし、黒い平面を作成します。

2つのクリップ❹をそれぞれ1つ上のトラックにずらしてV1トラックを空にし、代わりに［プロジェクト］パネルから［カラーマット］❺をドラッグして2つのクリップにあわせて配置します。

⑩ 不透明度を下げる

クリップ [photo3-1.jpg] を選択し、[エフェク
トコントロール] → [不透明度] → [不透明度:
50.0%] ❶ にします。**不透明度**は [0%] で非表
示になるため、数値を下げることでクリップが半
透明になり、下に配置した黒いカラーマットが表
示され写真全体が暗くなります。これにより白い
外枠を持つテキストがより見やすくなります。

不透明度

表示と非表示の度合いを示した数値です。不
透明度は 100% で完全に表示された状態と
なり、0% では非表示の状態です。

⑪ テキストを徐々に拡大させる

タイトルだけを拡大するアニメーションを作ります。

再生ヘッド❶ を先頭へ移動させ、グラフィッククリップ❷ を選択します。[エフェクトコントロール]
パネル→ [ベクトルモーション] → [スケール: 100.0] ❸ とし、◻ [アニメーションのオン] ❹ をク
リックします。

続けて、再生ヘッドをクリップの終わりに移動❺ させ、[スケール: 110.0] ❻ に変更し、キーフレー
ムを作成します。作成した2つのキーフレームの間で、グラフィッククリップのスケールが [100.0%]
→ [110.0%] へ拡大するアニメーションができました。

📎 フレーム保持

フレーム保持で静止させる

動画の中の1フレームを静止画として見せることで、その間を利用して説明や強調表現ができます。
視聴者の注目を集めたい部分で使いましょう。

▶ Chapter3.mp4　⏱ [00:05:20] - [00:08:00]

① 映像クリップを複製する

クリップ [narration.wav] を A2 トラックに移動❶させます。[プロジェクト] パネルから [clip3-1.mp4] ❷をタイムラインのV1トラックへ配置し、[option]([alt])キーを押しながらV2トラックへドラッグ❸することで複製します。ここではマーカー [ゾウ] のフレームから静止画を挟んで映像を開始させたいので、わざとギャップを作って [00:00:08:00] 付近から配置しています。

複製したクリップ❹を選択して、右クリックから [名前を変更] ❺をクリックします。[クリップ名の変更] ダイアログ❻で、わかりやすいように [コピー] に名前を変更して [OK] ❼をクリックします。

② フレームを保持する

再生ヘッドを静止画にしたいフレームへ移動させます。ここでは静止画から動き出す表現を作りたい
ので、クリップ［clip3-1.mp4］の先頭に再生ヘッドを移動①します。クリップ［コピー］②を選択
した状態で、右クリックから［フレーム保持を追加］③をクリックします。クリップ［コピー］の全
てのフレームが先頭フレームと同じものになります。

③ 静止画をギャップに配置する

［フレーム保持を追加］されたクリップは、画像と同様にトラック上で伸ばしても変化のないクリッ
プになります。あらかじめ開けておいたギャップにクリップ［コピー］を移動①させ、静止画が表示
されている間にゾウの説明を行ってから動画がスタートするようにします。

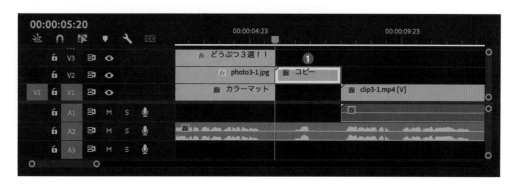

One Point

フレーム保持セグメント

クリップを選択した状態で右クリックから［フ
レーム保持セグメントを挿入］をクリックする
と、再生ヘッドがあるフレームでクリップが分
割され、そのフレームが 2 秒間の長さの静止画
①となって挿入されます。映像中の 1 フレーム
を静止させる表現の作成時に役立ちます。

📎 タイトルテンプレート

タイトルテンプレートを使用する

Premiere Proではあらかじめ用意されたテンプレートを使用することができます。ここではタイトルテンプレート[ローワーサード]を使用して、動物の名前を表示するテロップを作成します。

ゾウ

タイトルテンプレートを入れるだけで簡単に見映えがよくなります。

▶ Chapter3.mp4　⏱ [00:05:20] - [00:10:20]

1 [エッセンシャルグラフィックス]パネルを開く

ワークスペースを[キャプションとグラフィック]❶に変更し、[エッセンシャルグラフィックス]パネル→[参照]❷をクリックします。検索ボックス❸からあらかじめPremiere Proに用意されているテンプレートや、Adobe Stockにあるテンプレートを検索することができます。

② テンプレートを挿入する

検索ボックスで［ローワーサード（クラシック、1行）］❶を検索します。ドラッグ＆ドロップでタイムラインのV3トラックに配置❷すると、画面内にローワーサード❸が追加されました。タイムラインで、先ほど作成した［コピー］クリップに合わせて長さを調整❹します。

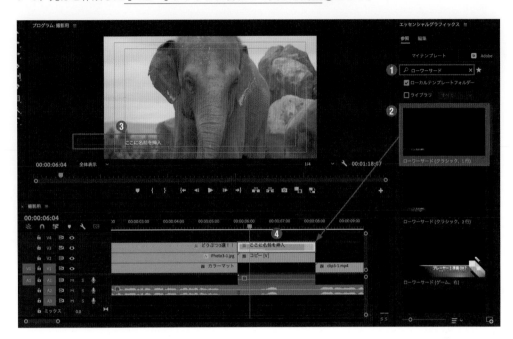

③ テキストを編集する

タイムライン上のグラフィッククリップを選択すると［エッセンシャルグラフィックス］パネルが［参照］から［編集］❶に切り替わります。［プログラム］モニターでテキスト❷をダブルクリックで選択し、［ゾウ］と入力します。

また、テキストレイヤーを選択した状態で、［エッセンシャルグラフィックス］パネル→［テキスト］からフォントを変更することができます。ここではレイヤー［ゾウ］を選択し、［フォント：ヒラギノ角ゴ StdN　W8］、［フォントサイズ：96］❸に変更しました。

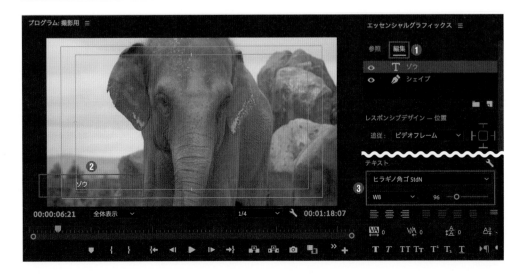

4 シェイプを編集する

テキストの下に配置された図形はザブトンと呼ばれています。

レイヤー［シェイプ］❶を選択することで、座布団の編集を行うことができます。ここでは［アピアランス］→［塗り］のカラーボックス❷をクリックして、カラーピッカーダイアログ❸から［カラーの分岐点］❹を左右どちらも赤［#D90000］❺に変更します。

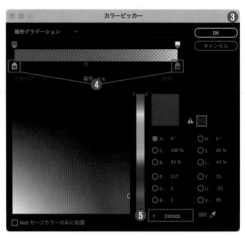

カラーピッカーを使いこなす

カラーピッカーの表示

カラーピッカーでは横軸が彩度で縦軸が明度を表しています。
H (Hue 色相) S (Saturation 彩度) B (Brightness 明度) や R (Red 赤) G (Green 緑) B (Blue 青) などの数値を入力することでも色を変更することができます。
本書籍では色の指定にカラーコード（色を一定の形式の符号で表したもの）を利用しています。

グラデーションを作る

カラーピッカーからは色の表示方法を変更することができます。ベタ塗りでは単色だけですが、グラデーションを使用することで2種類の色を段階的に使用することができます。［線形グラデーション］では2色の色を一方向で段階的に使用することができ、［円形グラデーション］では放射状に2色を表示します。

カラーの分岐点の変更

グラデーションのカラーピッカーでは右と左の色の設定を［カラーの分岐点］で変更することができます。スライダー下のカラー中間点をドラッグすることで色を区分する割合を変更することができます。

不透明度の変更

カラーの不透明度を変更するにはスライダー上に配置された［不透明度の分岐点］をクリックします。スライダー上の不透明度の中間点もドラッグすることで位置を変更することができます。

分岐点の追加

デフォルトの状態だと分岐点はスライダーの両端に1つずつですが、スライダーの上下付近でクリックすると分岐点を追加することができ、より複雑な調整を行うことができます。

⑤ テロップごと大きさを変える

ベクトルモーションを使ってテキストとシェイプを一緒に拡大します。

[編集]のワークスペースに切り替え、[エフェクトコントロール]パネル→[ベクトルモーション]→[スケール:120.0]程度❶に拡大します。

セーフマージンに合わせてテロップが左下に配置されるように[位置]❷の数値を動かして調整しておきます。[ローワーサード]を使ったテロップが完成しました。

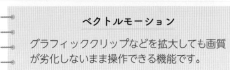

ベクトルモーション

グラフィッククリップなどを拡大しても画質が劣化しないまま操作できる機能です。

One Point

Adobe Stock の使い方

Adobe Stock を使うことで既に作成されたテンプレートや画像・動画素材をプレビューとして編集画面に挿入することができます。

ライブラリを作成する

[CC ライブラリ]パネルを開き[新規ライブラリを作成]をクリックします。

するとフォルダのようなものが作成され、その中に Adobe Stock とマーケットプレイスで検索した素材やテンプレートをインストールすることができます。

Adobe Stock から検索する

検索のプルダウンメニューから[Adobe Stock]にチェックを入れます。

すると Premiere Pro から Adobe Stock にアクセスしてテンプレートや動画素材を開くことができます。

Adobe Stock から素材を挿入する

検索結果の中から素材を選び編集画面に配置することができます。

＋マークをクリックすることでプレビューがライブラリに加わります。ライブラリに加わった素材は[プロジェクト]パネルに追加し、そこからタイムラインへ配置することができます。プレビューではウォーターマーク（Adobe のロゴ）が入っていますが、カートマークをクリックして素材を購入することでウォーターマークを外すことができます。

ライブラリを追加する

ライブラリ自体を検索して挿入することも可能です。

[Stock とマーケットプレイスに移動]から Creative Cloud の画面を開きます。[ライブラリに追加]をクリックすることで Premiere Pro の[CC ライブラリ]パネル内に追加することができます。

この作例は繰り返しの構造になっているので、Chapter2で覚えたカット編集とChapter3のテクニックのおさらいとして残りの部分を作っていきましょう。

○マーカーの使い分け

ゾウパートの解説と同様の手順で、パートが変わる部分にマーカーをつけておきます。ここではライオンをオレンジのマーカー、エランドを青のマーカーで色分けして追加しました。

○クリップの並べ方の工夫

次の動物のマーカーがあるところまでビデオクリップをカットしながら並べていきます。似たようなカットが続くと不自然になるため、前のクリップと大きくカメラアングルを変えた映像や、引いた映像の次は寄りの映像を使うなどしていくと良いでしょう。例えばゾウのパートでは、目にズームした映像、頭から口までが映っている映像、全身が映っている映像を順番に使っています。並べ方に正解はありません。自分の好きな長さ、順番で並べていきましょう。

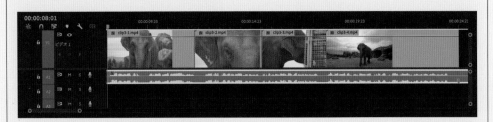

○速度の調整

ライオンとエランドのパートも最初は静止フレームから始め、ナレーションに間があるタイミングなどを目安にクリップを切り替えていきます。クリップ[clip3-11.mp4]とクリップ[clip3-13.mp4]はどちらもスローモーションになっているので、[速度：400%]にして通常速度に戻してから使用しています。

○フェードアウトで終わらせる

エランドのパートが終わるとナレーションがまとめに入るので、その部分からは動画のまとめとして、3種類の動物の最初のクリップをそれぞれ並べています。動画を急に終わらせないために、最後のクリップにはChapter2でデフォルトのトランジションに設定しておいた[クロスディゾルブ]を適用することで、徐々にフェードアウトしながら動画が終わるようにしました。

アニメーションを駆使する

この章ではSNSに投稿されている短めの動画をイメージした作例を作ります。アニメーションやマスクの調整はフレームごとに必要な場合もあるのでしっかり作り込んでいきましょう。

レベルに合わせてやってみよう！

はじめてPremiere Proを使う人

紙面の順番にそって操作を進めていきましょう。まずは作例の再現を目指します。キーフレームを使ったアニメーション作りは難しく感じるかもしれませんが慣れていきましょう。

Premiere Proを使ったことがある人

アニメーションの編集を中心に実践しながら、作業スピードを上げていきましょう。また、キーフレームを細かく調整して滑らかな動きを作りましょう。

Premiere Proの操作に自信がある人

オーディオのリズムに人の動きをあわせることを意識して、クリップのインとアウトを調整してみましょう。One Pointで紹介しているサイトからお気に入りの表現を見つけて、オリジナルの作成に挑戦してみて下さい。

🔗 リミックスツール

音楽を自動でリミックスする

Premiere Proは時間を指定すると、それにあわせて自動でオーディオクリップのリミックスを行うことができます。SNSなどの投稿できる長さが決まっている動画の編集で活躍します。

① 音楽を挿入する

今回は音楽のリズムにあわせて動画を作成するので、まずはリミックスで長さを調整していきます。リミックスを行いたいオーディオクリップ [Sample Music.mp3] ❶をタイムラインに配置します。リミックスはタイムラインに配置しているクリップの状態によって結果が変わります。今回は1つのクリップ全体を使用したいので、カットせずにそのまま配置します。

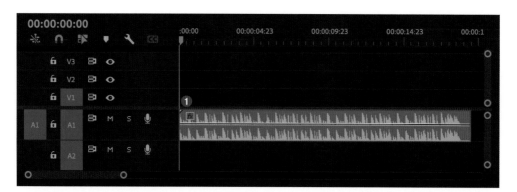

リミックス

一般には複数の曲を合わせて新たな曲を生み出すことを指しますが、ここではAdobeのAIであるAdobe Senseiを活用して、オーディオクリップを指定した長さに合わせて調整してくれる機能のことです。長い場合は短く、長さが足りない場合はクリップの情報を利用して自然に長くすることができます。

② リミックスツールで短くする

[ツール] パネルの ⬌ [リップルツール] ❶ を長
押しして、♫ [リミックスツール] ❷ をクリッ
クします。

再生ヘッドを [00:00:10:00] に移動❸ し、クリップ [Sample Music.mp3] の後端❹ を [00:00:10:00]
へドラッグ❺ します。クリップの分析が完了するとドラッグした位置までの長さにリミックスされます。

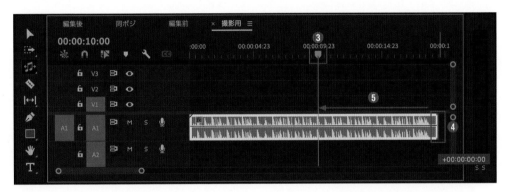

③ エッセンシャルサウンドで確認する

リミックスを行うと自動的に [エッセンシャル
サウンド] パネル ❶ が開きます。[ミュージッ
ク] → [デュレーション] → [リミックスのデュ
レーション] ❷ でリミックスの結果を確認でき
ます。デフォルトの設定では±5秒の長さの範
囲にリミックスされます。

𝒫 ビデオのみドラッグ　𝒫 定規を表示　𝒫 ガイド

同一ポジションを作る

同一ポジションとはサイズや位置を合わせた被写体を複数カットし、編集でつなぎ合わせることで、
急な場面転換などの面白い効果を生み出すテクニックです。

▶ Chapter4.mp4　⏱ [00:00:00] - [00:04:08]

1 同じ画角の映像を並べる

[プロジェクト] パネルからクリップ [clip4-1.mp4] ❶ をダブルクリックして、[ソース] モニター ❷
で表示します。▥ [ビデオのみドラッグ] ❸ をクリックしたままタイムラインへドラッグ ❹ すること
で、ビデオクリップのみを取り出すことができます。

[clip4-2.mp4] と [clip4-3.mp4] ⑤も同様に、ビデオのみをそれぞれ別のトラックに並べます。この後の操作のために、上のクリップと少し重なるように下に配置されたクリップの後端をドラッグ⑥して伸ばしておきます。

 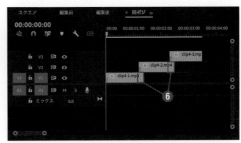

② 定規とガイド表示する

拡大して大きさを合わせるため、基準として人物が最も大きく映っているクリップ [clip4-2.mp4] ①の先頭付近に再生ヘッドをあわせます。[プログラム] パネルの ➕ [ボタンエディター] ②を開き、🖽 [定規を表示] のアイコンをドラッグ③してメニューバーに追加し、[OK] ④をクリックします。

追加した 🖽[定規を表示] ⑤をクリックすると、[プログラム] モニターの端に単位がピクセルの定規⑥が表示されます。

定規の上をクリックしてドラッグすると水色のガイド⑦が表示されます。縦と横どちらもガイドを表示し、縦のガイドを画面中央、横のガイドを人物の頭の頂点⑧にあわせ、この後の編集の目印にします。

③ クリップの位置とサイズを合わせる

人物が重なるようにクリップを調整していきます。クリップの重なりに再生ヘッドをあわせ、上側に
なっているクリップ❶を選択し、[エフェクトコントロール] パネル→ [不透明度] ❷を下げて、下
側のクリップが見えるようにします。

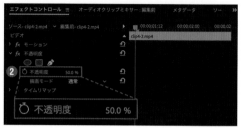

ガイドに合わせて [位置] ❸を変更して人物の位置を揃えた後に、人物の姿が重なるように [スケー
ル] ❹を調整します。同様の方法で3つのクリップをうまく重ねたら、全てのクリップの [不透明度]
❺を戻し、伸ばしていたクリップの重なり❻ももとに戻します。

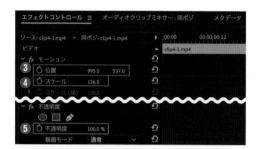

④ ネスト化でクリップをまとめる

option (alt) キーを押しながらクリップをドラッグすることで、3つのクリップをそれぞれ複製しま
す。複製したクリップ❶を変調する音楽にあわせてカット❷し、タイムラインの全てのビデオクリッ
プ❸を選択した状態で、クリップの上で右クリックから [ネスト] ❹をクリックします。ネストした
シーケンスには [同ポジ] と名前をつけました。

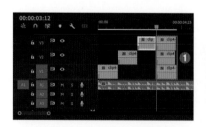

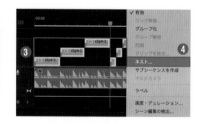

> **ネスト**
>
> 1つのシーケンスをまとめたもの。ネスト化したシーケ
> ンスは1つのクリップとして操作することができます。

⑤ ズームインで拡大する

ネストにまとめることで、含まれるクリップ全体に対して編集を行うことができます。
クリップ[同ポジ]①を選択して、再生ヘッドを先頭に移動②します。

[エフェクトコントロール]パネル→[モーション]→[スケール]→⏱[アニメーションのオン]③をクリックして先頭フレームに[スケール：100.0]のキーフレーム④を設定します。

⬇キーで再生ヘッドを次のクリップの先頭に移動させ、⬅キーで1フレームだけ前に再生ヘッドを戻すと、最終フレームに移動⑤できます。最終フレームに再生ヘッドがある状態で[スケール：110.0]⑥とし、キーフレーム⑦を設定することで、ネストの先頭から徐々にスケールの数値を上げて拡大させるズームインの動きができました。

One Point

学習におすすめのリファレンスサイト

Chapter 3は同ポジというテクニックを使っていますが、さらに映像について学びたい人に向けて筆者が参考にしているWebサイトを紹介します。

NHK テクネ 映像の教室
様々な映像表現について、世界中の映像を用いて紹介しています。
Webサイト（https://www.nhk.or.jp/techne/）

Adobe
Adobe公式ページでは動画の作り方全般を学ぶことができます。
Webサイト（https://www.adobe.com/jp/creativecloud/video/discover.html）

Vook
最新の映像業界の情報や、多くのチュートリアルが公開されています。
Webサイト（https://vook.vc/）

筆者は調べものをする際にブラウザの翻訳機能を使って英語、中国語、スペイン語などで一気に検索をかけています。また、YouTube、Instagram、Pinterestなどで気になる作品があったときは、リストに加えておくとよいでしょう。まずは気になる映画やアニメなどの作品の制作過程などを調べてみてはいかがでしょうか。

✎ ズームレベルを選択　✎ 時間補間法

映像の動きに合わせて画面を動かす

映像内の一点の動きに合わせて画面を動かしていきます。画面内での動きが大きいほど画面を拡大する必要があるため、画質の高い素材を準備する必要があります。

❶ ガイドを画面中心に合わせる

クリップ［clip4-4.mp4］を［ソース］モニターから █［ビデオのみドラッグ］して、クリップ［同ポジ］の後ろに配置❶します。

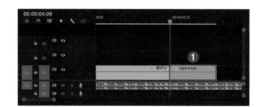

［プログラム］パネルの［ズームレベルを選択: 150%］❷に設定して表示を拡大し、定規の細かい数値を見ながらガイドを移動します。今回はガイドを画面の中心にあわせます。ここではシーケンスが［1920 × 1080pix］なので、その半分の［960 × 540pix］❸でガイドを交差させます。

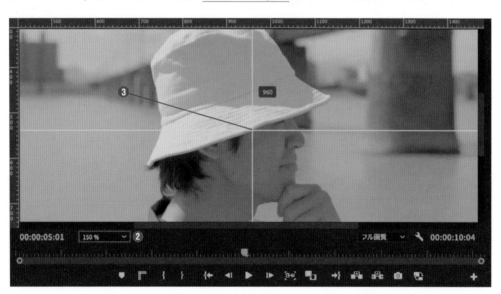

❷ 映像の中心を決める

この後、画面を動かすことで余白が発生しないように、クリップ [clip4-4.mp4] ❶を選択し、[エフェクトコントロール] → [モーション] → [スケール：120.0%] ❷に拡大します。

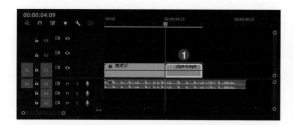

クリップの先頭フレームに再生ヘッド❸を移動させます。[位置] を動かして、画面の中心に配置するポイントを決めていきます。ここでは映像の人物のもみあげの部分が中心となるように [位置：1020 540] 程度❹として、❺[アニメーションのオン] ❺をクリックしてキーフレーム❻を打ちます。

One Point

キーフレームの操作を知ろう

キーフレームのパラメーターをリセットする
キーフレームの数値をデフォルトの数値に戻したいときは、その項目の 🔁[パラメーターのリセット] をクリックします。

キーフレームを消去する
消去したいキーフレームを選択して、右クリックから [消去] をクリックします。

キーフレームを複製する
同じ数値のキーフレームをもう 1 つ打つ場合、🔘 [キーフレームの追加] をクリックする方法と、既に打ってあるキーフレームを option (alt) キーを押しながらドラッグでコピーする方法があります。

キーフレームへ移動する
既に配置しているキーフレームに再生ヘッドを移動させるには、◀[前のキーフレームに移動] と ▶ [次のキーフレームに移動] をクリックすることで簡単に操作できます。

クリップの最後にキーフレームを配置する
↓ キーを押すと、再生ヘッドは次のクリップの先頭フレームに移動します。クリップの最終フレームへキーフレームを配置するには、そこから ← キーを押して、1 フレーム戻る必要があります。

③ 動きに合わせてキーフレームを打つ

映像内で人物の頭が前後に動いても常に同じ部分が画面の中心に来るように、[位置] に複数のキーフレームを打っていきます。

キーフレームを大量に打つ場合は、先にクリップ両端のキーフレーム❶を打っておいてから、その中間あたりのフレームで [位置] を変更して次のキーフレーム❷を打つことを繰り返すことで、効率的に作業を行うことができます。

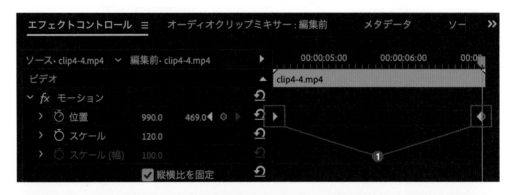

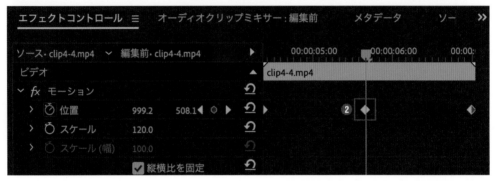

映像クリップの長さに合わせてキーフレームを打ち続けていきます。

今回は細かく２〜３フレームごとにキーフレームを打ちます❸が、音楽や動きに合わせてキーフレームを打つことで数を少なくすることができます。映像を見ながら前のフレームと比べて動きが大きなフレームでキーフレームを打っていくのがコツです。キーフレームを打ち終わったら [ズームレベルを選択] ❹から画面表示のサイズを戻しておきましょう。

④ ベジェで滑らかな動きにする

打ったキーフレームを全て❶選択し、右クリックから［時間補間法］→［ベジェ］❷をクリックします。

キーフレームの形がダイヤから砂時計に変化❸し、1フレームごとにコマ送りすると、キーフレームを打っていなかったフレームも［位置］❹の数値が少しずつ変わっていることがわかります。ベジェを適用することで映像が滑らかに動くようになりました。

ベジェ

通常のキーフレームは等速で数値が変化しますが、ベジェでは選択したキーフレームの数値から計算によってベジェ曲線を作り出し、キーフレームを打っていないフレームもその曲線上の数値に設定されることで自然な数値の増減が自動的に行われるようになります。

🔗 マスク　🔗 マスクの境界ぼかし　🔗 Lumetri カラー

クローン動画を作る

マスク機能を使うことで同じ画面の中に、同じ人物を登場させてクローンや分身のような表現をすることができます。マスクを使うときは不自然さを減らす編集の工夫が求められます。

調整前後を比べながら、編集するのがポイントです。

▶ Chapter4.mp4　⏱ [00:07:01] - [00:09:06]

❶ クリップを並べる

同じ画角で撮影した2つのクリップを縦に重ねて配置します。

クリップ [clip4-4.mp4] の後ろにつなげる形で、V2トラックに<u>クリップ [clip4-5.mp4]</u> ❶を配置し、V1トラックに<u>クリップ [clip4-6.mp4]</u> ❷を配置します。

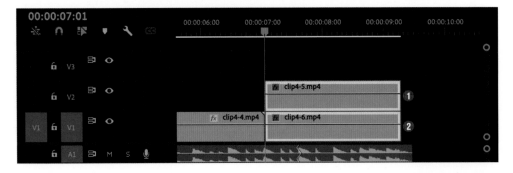

② マスクを追加する

ここではクリップ [clip4-5.mp4] を選択した状態で、[エフェクトコントロール] パネル→[不透明度]→ ![ベジェのペンマスクの作成] ❶を
クリックします。楕円、長方形、ペンのアイコンからマスクを追加することができます。それぞれマスクしたい形に合わせて使い分けます。

[プログラム] モニター内をクリックするとアンカーポイント❷が打たれ、[不透明度] の項目の中に新たに [マスク] ❸の項目が出現します。

One Point

マスクの操作を知ろう

マスクの種類
不透明度でマスクを切る作業を行う方法として、![ベジェのペンマスクの作成] 以外に、⬤ [楕円形マスクの作成] と ■[4 点の長方形マスクの作成] が用意されています。

マスクの移動
[選択ツール] をマスクの中央に近づけると、手のマークが表示されドラッグすることでマスクを移動させることができます。

マスクの回転
[選択ツール] をアンカーポイントの少し上に持っていくと矢印のマークが表示され、ドラッグすることでマスクを回転させることができます。

マスクの調整
丸いハンドル❶をドラッグすると、[境界線のぼかし] を広げることができます。
正方形のハンドル❷をドラッグすると、[マスクの拡張] を大きくすることができます。

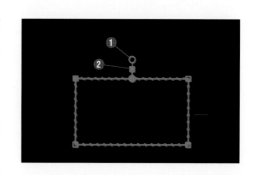

マスクの変形
アンカーポイントはドラッグして移動できます。また、[option]([alt]) キーを押しながらクリックすると、ハンドルが出現し、そこを中心としてベジェを利用した曲線に変更できます。ダブルクリックでもとに戻ります。

③ マスクを切る

[プログラム] パネル画面内をクリックすること
を繰り返して、合成したい部分を少し大きめに
囲う❶ようにアンカーポイントを打っていきま
す。

最初に打ったアンカーポイント❷をもう一度ク
リックすると、線がつながって囲まれた範囲❸
を切り抜くことができ、この作業のことを「マ
スクを切る」と呼びます。マスクを切った後も
アンカーポイントをドラッグして形を変更する
ことや、[option]([alt]) キーを押しながらアン
カーポイントをクリックしてベジェを使った曲
線へ変更することができます。

④ マスクの境界のぼかしを上げる

映像の明るさが合っていない場合、切り抜いた
映像の境界❶が不自然に見えます。

[マスクの境界のぼかし] の数値を上げることで境界の部分をぼかして自然に見えるように馴染ませて
いきます。ここでは [エフェクトコントロール] パネル→ [マスク] → [マスクの境界のぼかし：84.0]
❷にして、背景に馴染ませました。

⑤ クリップの露光量を下げる

まだ不自然が残っているので、2つのクリップの明るさを揃えてより自然に見えるようにしていきます。

ワークスペースを［カラー］❶に切り替えて、［Lumetriカラー］パネル❷を開きます。V2トラックのクリップ［clip4-5.mp4］❸を選択し、［基本補正］→［ライト］→［露光量: -0.3］❹に下げることで明るさが抑えられて背景の動画とより馴染むようになります。

Before	After

6 アンカーポイントを変更する

クリップ [clip4-4.mp4] と [cllip4-5.mp4] ❶を選択して、Lesson2 の手順でネスト化し [クローン] ❷と名前をつけます。

 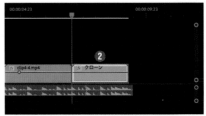

クリップ [クローン] ❷を選択して、[エフェクトコントロール] パネル→ [モーション] ❸をクリックすると、[プログラム] モニターの画面に青いハンドルとアンカーポイント❹が出現します。

アンカーポイントはドラッグして動かすことができます。ここでは前のクリップと連続性を持たせるために、画面右側の人物のもみあげ部分❺にアンカーポイントを移動します。

⑦　ズームアウトの動きを作る

再生ヘッドをクリップ [クローン] の先頭に移動❶します。[スケール: 120.0%] ❷に拡大して、
[アニメーションのオン] ❸をクリックしてキーフレームを打ちます。

最終フレーム付近に<u>再生ヘッド</u>❹を配置し、[スケール] → [パラメーターをリセット] ❺をクリックし、<u>キーフレーム</u>❻を打ちます。もみあげを中心にズームアウトする映像ができました。

One Point

[エフェクトコントロール] パネルの機能を知る

エフェクトをオフにする

エフェクトが適用される前の状態を確認するには、 [エフェクトのオン / オフ] を切り替える方法があります。確認したいクリップを選択して、[エフェクトコントロール] パネルから、エフェクト名の左側の [エフェクトのオン / オフ] をクリックすることで切り替えることができます。斜線が表示されている状態 が、エフェクトがオフの状態です。

プロパティの表示を変更する

[エフェクトコントロール] パネルのプロパティは、 [プロパティをフィルター] から表示内容を切り替えることができます。選べる表示内容の種類は以下の通りです。

フィルターの種類	表示内容
すべてのプロパティを表示	デフォルトの設定。適用されている全てのエフェクトのプロパティが表示される。
キーフレームプロパティのみを表示	キーフレームが有効になっているエフェクトのみが表示される。
編集したプロパティのみを表示	デフォルト値から変更されたエフェクトのみが表示される。

✐ オートリフレームシーケンス

画面サイズを自動で変更する

ここまで16:9のアスペクト比で編集してきましたが、SNSで投稿することを想定し、動画を書き出す前にオートリフレーム機能を使って自動で画面サイズを変更させます。

Before

アスペクト比　16：9

After

アスペクト比　1：1

目的にあわせてアスペクト比を使い分けましょう。

▶ Chapter4.mp4　⏱ [00:00:00] - [00:00:00]

❶ シーケンスのアスペクト比を変更する

プロジェクトパネルから書き出したいシーケンス❶を選択し、右クリックから［オートリフレームシーケンス］❷をクリックします。

［オートリフレームシーケンス］ダイアログ❸が表示されます。［シーケンス名］❹を決めて、今回は
［ターゲットアスペクト比: 正方形1:1］❺を選び、［作成］❻をクリックします。自動的に動画を解
析して、動きや被写体に合わせて指定したアスペクト比で新たなシーケンスが作成されます。

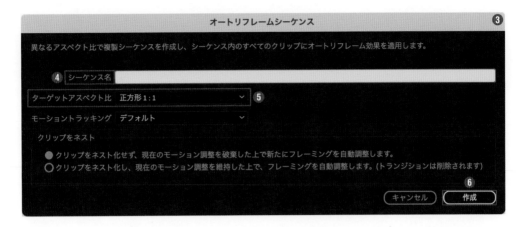

② オートリフレームの結果を確認する

オートリフレームの結果は［エフェクトコントロール］パネル→［オートリフレーム］❶から確認でき
ます。結果が気に入らない場合は、ここでパラメーターの変更や削除ができます。気に入ったアスペ
クト比が決まったら、書き出しをすれば完成です。

One Point

プラットフォームごとの推奨アスペクト比

ここでは配信各プラットフォームで推奨されているアスペクト比を紹介します。

プラットフォーム	アスペクト比	プラットフォーム	アスペクト比
YouTube	16:9	TikTok	9:16
Vimeo	16:9	Instagram	1.91:1 もしくは4:5
LINE	16:9	映画	2.35:1

毎年のように仕様が変わることもあり、あくまで推奨というだけでこれ以外の比率でも投稿できるた
め、まずは一般的な16:9で作成するのがよいでしょう。

この作例は被写体の動きと、音楽のリズムが一致するとクオリティが上がります。下記を参考に作り込んでいきましょう。

◉リズムのあわせかた

クリップを音に合わせて並べるには、オーディオクリップの波形にあわせて、山が始まる部分にクリップの始まりをあわせます。クリップの長さを変えずに、インとアウトを調整するには⬌スリップツール（P.204 を参照）が便利です。最初の３つのクリップは波形２つ分の長さでゆっくり見せておき、リズムが変わる２巡目は、同じクリップ達のテンポを速めて波形１つ分ごとに並べることで緩急を作り出し、注目を集めます。

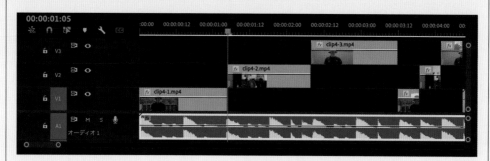

◉マスク調整のコツ

マスクを切る際はどうしてもペンツールでの手動の操作になるため、切り抜き方によっては［マスクの境界のぼかし］の調整や、フレームごとにマスクの切り抜き方を微調整する必要が出てきます。
最初の頃はうまくマスクを切ることができないかもしれませんが、慣れてくると効率よくマスクを切れるようになります。

◉オートリフレームシーケンスの注意点

オートリフレームシーケンスは横長動画を縦長に切り抜くことができるため、画面サイズを自動的に変更するには便利な機能です。一方で、画面がクロップされるためもとになる動画はできる限り広角で撮影する必要があります。例えば同じ動画を使って YouTube に横長の動画、YouTube Short では縦長の動画を同時に投稿する場合、縦長動画としてクロップされることを撮影の段階から考えておくことでオートリフレームシーケンスの機能を最大限に使うことができます。

色彩をコントロールする

この章では旅行のビデオブログをイメージした作例を作ります。光と色の調整は映像が視聴者に与える印象に大きく影響するのでしっかりマスターしましょう。

レベルに合わせてやってみよう!

◉━ はじめて Premiere Pro を使う人

紙面の順番にそって操作を進めていきましょう。光の調整を行う際には、1度極端に数値を変えてどのような変化が起こるのか確認していくと、より操作の理解が深まります。

◉━ Premiere Pro を使ったことがある人

紙面にそって作例を作り終えたらオリジナルの光の調整にチャレンジしましょう。光の調整でどのくらい動画の印象が変わるか、完成ファイルと比べてみて下さい。

━◉ Premiere Pro の操作に自信がある人

章末の Backyard を参考に動画で使われているテクニックを全てマスターしましょう。この動画を完成させることができれば基本の操作はもうばっちり使いこなせています。

🖉 調整レイヤー　🖉 クロップ　🖉 イーズイン　🖉 イーズアウト

中心から広がる黒幕を作る

映像の上下に配置する黒幕にはシネマチックな雰囲気を生み出す働きがあります。クロップのエフェクトを使うことによって中心から映像が広がり、物語の始まりを演出します。

黒幕で映画のような印象を作り出しています。

▶ Chapter5.mp4　⏱ [00:00:00] - [00:02:13]

1️⃣ 調整レイヤーを配置する

プロジェクトパネルの🔳[新規項目] →［調整レイヤー］❶をクリックします。［調整レイヤー］ダイアログ❷が表示され、シーケンスにあわせて自動で［ビデオ設定］の条件が調整されているので、ここではそのまま［OK］❸をクリックします。

作成した調整レイヤーは、オープニングとなる
クリップ［clip5-1.mp4］の長さにあわせて、［プ
ログラム］パネルからトラックV2にドラッグ❹
して配置します。

調整レイヤー

ただ配置するだけでは何も効果がありません
が、エフェクトを加えることでその調整レイ
ヤーよりも下にある全てのクリップに対して
エフェクトが適用されるようになります。

❷ クロップで黒帯を作る

調整レイヤー❶を選択した状態で、［エフェクト］パネル→［クロップ］❷を検索し、ダブルクリック
で適用します。［エフェクトコントロール］パネル→［クロップ］→［上: 12.0%］と［下: 12.0%］❸
に設定すると画面の上下にクロップによってできた黒幕❹が出現します。

クロップで切り抜く位置を調整するために、調整レイヤーの下に配置されているクリップ［clip5-1.
mp4］を選択し、［エフェクトコントロール］パネル→［位置: 960.0 450.0］程度❺に動かします。
好みで［回転］や［スケール］も適用して映像内の被写体を中央にあわせます。

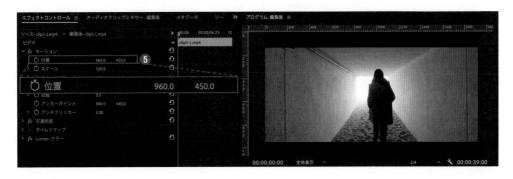

③ 黒幕が中心から開くオープニングを作る

最終的に見せたいフレームで黒幕を全開にさせることで強い印象を与えます。ここでは［00:00:06:14］のフレームに決めて再生ヘッドを移動❶しました。調整レイヤーを選択し、［クロップ］→［上］と［下］でそれぞれの⏱［アニメーションのオン］❷をクリックしてキーフレームを打ちます。

続けて再生ヘッドをクリップの先頭に移動❸して、今度は［クロップ］→［上: 50.0%］と［下: 50.0%］❹に設定します。キーフレームが打たれ、上下50%ずつがクロップで覆われたことで、先頭のフレーム❺では全面にクロップによってできた黒幕が表示されます。

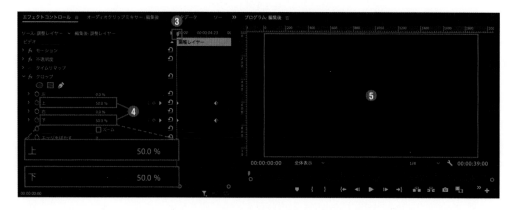

黒幕が徐々に中央から上下に開く動きができました。

④　黒幕が上がる動きを滑らかにする

調整レイヤーの［クロップ］→［上］と［下］の終わり側のキーフレーム❶を選択し、右クリックから［イーズイン］❷をクリックします。

続けて、［上］と［下］の始まり側のキーフレーム❸を選択し、右クリックから［イーズアウト］❹を適用します。

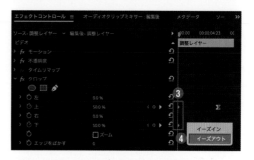

クロップのアニメーションが**イーズアウト**でゆっくり動きだし、中間点で速度が最高に達して減速を始め、最後は**イーズイン**でゆっくりと停止する滑らかな動きになりました。
［上］と［下］の表示❺を拡張すると速度などのアニメーションの詳細❻が確認できます。

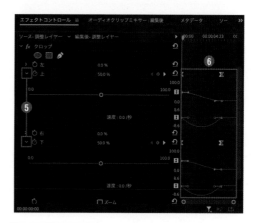

イーズイン

スタートが緩やかで徐々に加速していく変化のことです。勢いを増していく様子を表現できます。

イーズアウト

スタートから徐々に減速する変化のことで、余韻を残した表現を作ることができます。

ブラー *フォント* *ブラー（ガウス）*

テキストにブラーをかける

タイトルを作成しテキストにブラーのエフェクトをかけて、自然に出現するようにします。ここでは多くの種類があるブラーのエフェクトの中からガウスを選びました。

▶ Chapter5.mp4 ⏱ [00:02:14] - [00:08:22]

① テキストを記入する

🅣 [横書き文字ツール] をクリックして、タイトルのテキストを作ります。この動画の舞台はスペインのバルセロナなので、テキスト [Life Of Barcelona] ❶としました。

Lesson1で作成した調整レイヤー❷は下のレイヤー全体に対して影響を与えるのでV3トラックに移動し、空いたV2トラックにテキスト [Life Of Barcelona] を移動❸します。

② テキストのアピアランスを調整する

ワークスペースを［キャプションとグラフィック
ス］❶に切り替え、［エッセンシャルグラフィッ
クス］パネル❷を開きます。レイヤー［Life Of
Barcelona］❸をダブルクリックして選択し、
［テキスト］→［フォント: Savoye LET］❹、
［文字サイズ: 120］❺に変更します。次に、［ア
ピアランス］→［シャドウ］❻にチェックを入れ
て、テキストを強調します。

③ ブラー（ガウス）を適用する

グラフィッククリップ［Life Of Barcelona］を
選択した状態で、［エフェクト］→［ブラー（ガ
ウス）］❶を検索してダブルクリックします。テ
キストを表示させたい［00:00:05:00］付近に再
生ヘッドを移動❷して、［ブラー］→ ■［アニ
メーションのオン］❸をクリックします。

次にクリップの先頭に再生ヘッドを移動❹して
［ブラー: 400.0］❺に設定すると、効果が適用
されテキストが見えなくなります。クリップの
冒頭から［ブラー］の数値が徐々に下がってい
き、テキストが出現するエフェクトになります。

ガウス（ガウスぼかし）

ガウシアンぼかしとも呼び、ガウス関数を用
いて画像をぼかす処理のことです。バランス
よく均等にエッジやノイズの効果をかけて柔
らかくぼかせる特徴があります。

✏️ ブラー（ガウス）

ブラーのトランジションを作る

映像を切り替える際にカットの間に挟まれた効果をトランジションと呼びます。ここではブラー（ガウス）を使って幻想的な印象を与えるトランジションを作成します。

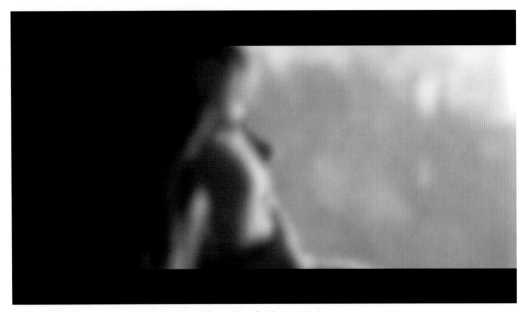

タイトルに引き続きトランジションにもブラーを使って統一感を出しています。

▶ Chapter5.mp4 ⏱ [00:08:23] - [00:15:09]

1 ビデオトラックを広げる

さらに調整レイヤーを追加するため、一番上に配置していた調整レイヤー❶をもう1つ上のV4トラックへと移動します。複数のビデオトラックを縦に並べると見切れてしまうため、ビデオトラックとオーディオトラックの境界線❷にマウスカーソルを合わせて、マウスカーソルが変化した状態で下へドラッグ❸するとビデオトラックの表示範囲が増えて見やすくなります。

② トランジションの範囲に調整レイヤーを配置する

前のクリップと後ろのクリップをまたぐように、調整レイヤー❶を配置します。ここでは名前を［ブラー］としました。クリップの境❷に再生ヘッドを移動しておきます。

shift ＋ ← キーを2回押して左に10フレーム分だけ再生ヘッドを移動❸し、ここに調整レイヤー［ブラー］の左端❹を合わせます。

もう一度再生ヘッドをクリップの境に戻し、今度は shift ＋ → キーを2回押して右に10フレーム分だけ再生ヘッドを移動❺し、調整レイヤー［ブラー］の右端❻を合わせます。境を中心に20フレームの長さになりました。

One Point

アスペクト比を利用してレターボックスを作成する

他の画面サイズ規格で再生する場合につぶれて表示されるのを防ぐため、Lesson1 のように映像の上下に作る黒い帯をレターボックスと呼びます。ここではアスペクト比の差を使った作り方を紹介します。

規格が異なるシーケンスを用意する
新規シーケンスを作成し、フレームサイズを 16:9 の［1920 × 1080pix］とします。もう一度、新規シーケンスを作成し、今度はフレームサイズがシネマスコープ比である 2.35:1 の［1920 × 817pix］とします。

フレームサイズの差で余白を作る
まずはシネマスコープのシーケンスをダブルクリックで開き、そのタイムラインで動画の編集をしていきます。編集が終わったら 16:9 のアスペクト比で作成したシーケンスを開き、そのタイムラインにシネマスコープのシーケンスを挿入します。アスペクト比が変わったことで上下に余白が生じ、再生時にこの部分が黒帯として現れるようになります。

③ ブラー（ガウス）のエフェクトを適用する

調整レイヤー［ブラー］**①**を選択して、［エフェクト］パネル→［ブラー（ガウス）］**②**を検索して、ダ
ブルクリックで適用します。クリップの境に再生ヘッドを移動**③**し、［ブラー（ガウス）］→［ブラー］
→ **🔘**［アニメーションのオン］**④**をクリックします。キーフレーム**⑤**はドラッグで移動させることが
できるので、調整レイヤー［ガウス］の先頭のフレームまで移動**⑥**させます。

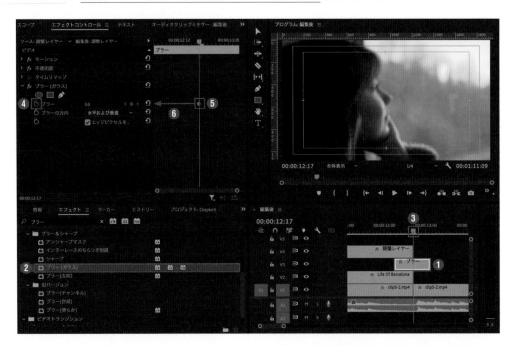

続けて**🔘**［キーフレームの追加］**⑦**をクリックす
ると再生ヘッドがあるフレームに、2つ目のキー
フレーム**⑧**を打つことができます。追加した2
つ目のキーフレームは調整レイヤーの最終フ
レームにドラッグで移動**⑨**します。

❹ 切り替わり部分でブラーの強さを上げる

さらに再生ヘッドをクリップの境に合わせたままの状態で、［ブラー：100.0］❶として３つ目のキーフレームを打ちます。ブラーの値を上げると画面全体❷にボケ感が加わります。

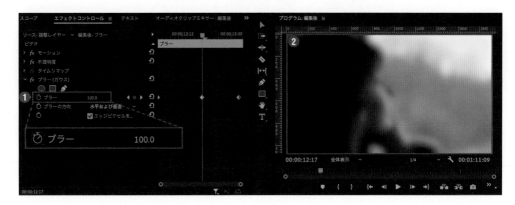

ここではブラー（ガウス）の値が３つのキーフレームに合わせて［0→100→0］と移り変わるので徐々に映像にボケが加わり、ボケが晴れていくと次のシーンに切り替わるトランジションとなります。女性が車窓にもたれながら、まるで夢を見ているかのような様子を表現しています。

🔗 ワープスタビライザー

映像内の手ぶれを補正する

撮影した映像が揺れている場合、ワープスタビライザー機能を使用することで、映像を拡大して揺れを滑らかに抑えたり、カメラを固定して撮影したときのように揺れをなくす修正をすることができます。

▶ Chapter5.mp4 ⏱ [00:16:20] - [00:28:02]

1 ワープスタビライザーを適用する

手ぶれのあるクリップ [clip5-4.mp4] ❶を選択し、[エフェクト] パネル→ [ワープスタビライザー] ❷を検索してダブルクリックで適用します。自動的にクリップの映像の分析が開始され、終了すると揺れが抑えられて滑らかになっています。

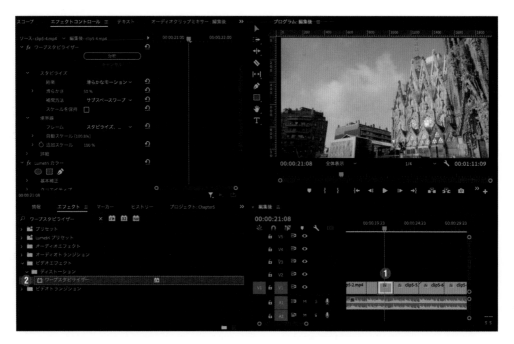

② 三脚で固定したように動きを止める

さらに揺れをなくしていきます。［エフェクトコントロール］パネル→［ワープスタビライザー］→［スタビライズ　結果: モーションなし］❶を指定します。三脚で固定したように画面の動きを止めることができます。

③ 滑らかさを変更する

ワープスタビライザーの［滑らかさ］は数値を大きくするほど画面が拡大されて端が切れてしまいます。もともと揺れが激しくない場合や、あまり拡大させたくない場合は［滑らかさ］の数値を下げます。
ここではクリップ［clip5-6.mp4］を選択し、同様に［ワープスタビライザー］を適用して、［滑らかさ: 50%］❶に変更しました。

また、揺れの少ないクリップ［clip5-7.mp4］でも、同様に［ワープスタビライザー］を適用して、ここでは［滑らかさ: 30%］❷に変更しました。

✐ タイムリマップ

タイムリマップで速度に緩急をつける

速度の接続線を表示し、キーフレームを打つことで速度に緩急をつけることができます。ここでは途中で速度を落としてスローモーションになる映像を作ります。

▶ Chapter5.mp4 ⏱ [00:28:03] - [00:39:00]

1 速度の接続線を表示する

4倍のスローモーションで撮影されているクリップ[clip5-8.mp4] ❶を選択し、右クリックから[クリップキーフレームを表示] → [タイムリマップ] → [速度] ❷をクリックしてチェックを入れます。

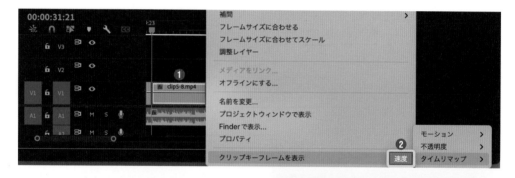

クリップ上に速度の接続線❸が表示されます。

接続線

クリップを縦に広げると水平方向に広がる1本の接続線が確認できます。接続線はデフォルトで不透明度に設定されていますが、[クリップキーフレームを表示]から設定を変更することができます。

2 接続線上にキーフレームを打つ

⌘([ctrl])キーを押しながら接続線上をクリックして、[速度]のキーフレーム❶を追加します。追加したキーフレーム❶は[option]([alt])キーを押しながらドラッグ❷して女性が回転を始めるあたりのフレームに移動します。

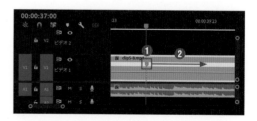

3　速度トランジションを作成する

接続線上のキーフレームを左右にドラッグすることで、速度トランジションを作ることができます。ここでは女性が回転する動きにあわせて速度を変えたいので、左側のキーフレーム❶を女性の動きが始まるあたりのフレーム、右側のキーフレーム❷を女性の動きが終わるあたりのフレームに移動しました。

4　速度を速くする

速度の接続線はドラッグで上下させることで、速度を変更することができます。クリップ[clip5-8.mp4]の先頭から左側キーフレームまでの接続線を上にドラッグ❶し、表示されている速度のパラメーターを[400.00%]❷にあわせます。

キーフレームの前半が4倍速になったのでクリップ全体が短くなり、速度トランジションで徐々にもとのスローモーションの速度に戻っていきます。

5　速度トランジションを緩やかにする

キーフレーム❶をクリックすると中間にハンドル❷が出現します。

ハンドルを左右にドラッグ❸することで、速度トランジションの緩急が調整できます。速度トランジション間の速度線の角度❹を緩やかにすることで、滑らかにスローモーションへと切り替わるようになります。

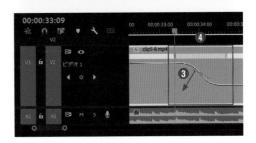

🖉 暗転

フェードアウトで終わらせる

シーケンスの最後に映像と音量を徐々に消していくフェードアウトを作っていきます。フェードアウトは溶暗とも呼ばれ、徐々に映像を消すことで余韻を残して終わることができます。

フェードアウトはよく使われるテクニックです。

▶ Chapter5.mp4 ⏱ [00:34:15] - [00:39:00]

1 クリップの終わりを揃える

このままシーケンスを指定して書き出すと、最も長いオーディオクリップの終わりまでの範囲が書き出されるので、あらかじめ動画の終わりを決めて揃えます。

今回はビデオクリップの長さにあわせてV4トラックの調整レイヤー❶を伸ばし、オーディオクリップ [Sunset wave.mp3] ❷は長い分をカットします。

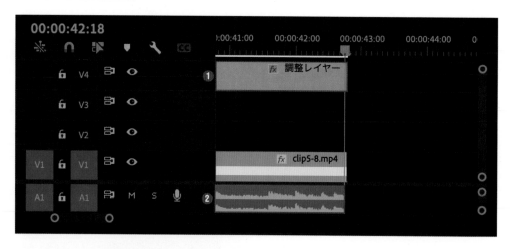

フェードアウト

映像を徐々に小さくしたり、薄くしたりする効果のことです。音の場合は徐々に音量が小さくなっていくことを指します。

② オーディオクリップにキーフレームを打つ

オーディオトラックを縦に広げて接続線①が見えるようにします。

⌘（ ctrl ）キーを押しながら接続線上をクリックして、キーフレームを２つ打ちます。音量を徐々に下げ始める後ろから８秒あたりのフレーム②と、クリップの最終フレーム③にキーフレームを移動します。

オーディオのボリュームのキーフレームは、［エフェクトコントロール］パネル→［ボリューム］→［レベル］④から詳細を確認することができます。

3 音量を徐々に下げる

クリップの最終フレームで無音になるように、最終フレームのキーフレーム❶を [-999.0dB] まで下へドラッグ❷します。

4 ベジェ曲線の形を調整する

[レベル] の2つのキーフレームには一定スピードで音量が下がる [リニア] が適用されているので、[ベジェ] に変えて音量を下げるタイミングを調整します。[エフェクトコントロール] パネル→ [ボリューム] → [レベル] の2つのキーフレーム❶を選択し、右クリックから [ベジェ] ❷をクリックします。

[レベル] の表示を拡張して、ベジェ曲線のハンドル❸を右へと引っ張り、終わりに近づくほど音量を下げるスピードが上がるようにベジェ曲線の形を調整しておきます。

⑤ 暗転で映像全体を徐々に暗くする

調整レイヤー❶を選択し、[エフェクト] → [暗転] ❷を検索してクリップ [clip5-8.mp4] の右端へ
ドラッグ❸します。[暗転] は映像クリップから徐々に黒の画面へ変化するトランジションです。

⑥ ゆっくりとフェードアウトさせる

トランジション [暗転] の端をドラッグ❶して伸ばすことで、トランジションの範囲を広げてゆっく
りと効果を適用させます。ここでは [暗転] の開始をオーディオクリップに作成した [レベル] のキー
フレーム❷にあわせました。映像と音量が徐々に消えていくフェードアウトの完成です。

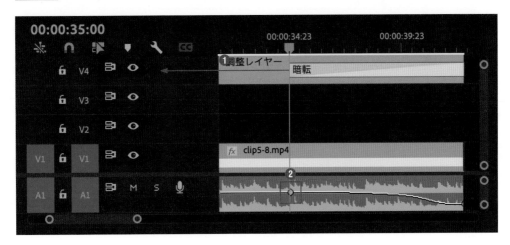

🔗 トラックのロック 　🔗 Lumetri スコープ 　🔗 ハイライト

ハイライトとシャドウを調整する

明るいハイライト部分と暗いシャドウ部分を調整することで印象的なシーンに仕上げます。明るい部分と暗い部分の差をコントラストと呼び、コントラストの高低で印象が大きく変わります。

① トラックをロックする

編集作業が進んでクリップの数が増えてくると、意図せずにクリップをずらしてしまうことがあるため、あらかじめトラックのロックを行っておきましょう。

この後、映像クリップの上にカラー調整用のクリップを配置して作業していくので、タイムラインでグラフィッククリップと2つの調整レイヤーを移動❶し、トラックV2を開けておきます。

トラックのロックをすると 👁[表示/非表示]❷の操作もできなくなるため、色調整に関係ないグラフィッククリップは一旦非表示❸にします。

6 [トラックのロック] をクリックし、V1 とV2以外のトラックを全てロック**4**します。

2 Lumetri スコープの波形で確認する

ワークスペースを［カラー］に切り替えます。［Lumetri スコープ］パネル**1**では光のデータをグラフ
として確認できます。パネル右下の🔧［設定］**2**からグラフの表示を切り替えることができます。今
回は［波形タイプ］→［RGB］**3**を使用します。波形タイプは主にRGBと輝度の調整に使います。

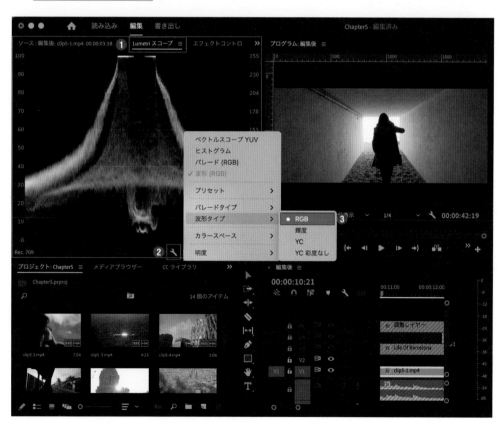

輝度
色の明るさを表しており、高いと白に近づくため 明るくなり、低いと黒に近づくため暗くなります。

③ シャドウを調整する

クリップ [clip5-1.mp4] ❶を選択します。ここでは映像のディテールを見せつつ、コントラストを下げたいので [Lumetri スコープ] パネル→ [基本補正] → [ライト] → [シャドウ:10.0] ❷程度に上げて明るくします。

数値を大きく変化させると違いがはっきりとわかります。[シャドウ: -100.0] にしたとき❸と [シャドウ: 100.0] にしたとき❹の印象を比較してみて下さい。

One Point

色について学ぼう

RGB とは Red（赤）Green（緑）Blue（青）の色の三原色を混ぜて幅広い色を再現する加法混合の一種で、混ぜるほどに明るい色へと変化します。

一方で CMYK は Cyan（シアン）、Magenta（マゼンタ）、Yellow（イエロー）、Key plate（キープレート）の4色を混ぜて作る減法混合で、混ぜるほどに暗い色へと変化し印刷物などによく使われます。

④ ハイライトを調整する

続いて映像の明るい部分（光）を、［ハイライト］
で調整します。

クリップ［clip5-1.mp4］を選択して、［Lumetri
スコープ］パネル❶で見るとハイライトが100
を振り切っている部分❷があり、白飛びが発生
しています。ここでは光へと向かっていく表現
をするために、あえて白飛びをさせていますが、
白飛びした部分は編集で明るさを下げても変化
しないので撮影時に注意が必要です。

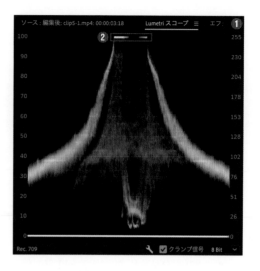

コントラストを下げるために［Lumetriスコープ］パネル→［ハイライト：-20.0］❸に下げます。明
るさと暗さどちらも強さを抑えた柔らかい映像になりました。

ここでも数値を大きく変化させると違いがはっきりとわかります。［ハイライト：-100.0］❹にした
ときと［ハイライト：100.0］❺にしたときの印象を比較してみて下さい。

📎 RGBカーブ

カーブコントロールで
コントラストをつける

[Lumetriカラー] パネルのカーブコントロールを使用することでクリップの明るさを自然に調整することができます。ここでは全体の明るさを増減させずにコントラストを強めるS字カーブを使います。

▶ Chapter5.mp4　⏱ [00:21:20] - [00:24:21]

① カーブのタブを開く

クリップ [clip5-6.mp4] ❶を選択し、再生ヘッドをクリップ上に移動❷します。[Lumetriカラー] パネル→ [カーブ] → [RGBカーブ] ❸を開きます。

[RGBカーブ] は白、赤、緑、青に分かれており、明るさの調整は白のカーブを使用します。[白のカーブ] ❹をクリックしてグラフのタブを開きます。カーブ❺は左下がシャドウで右上がハイライトを表します。

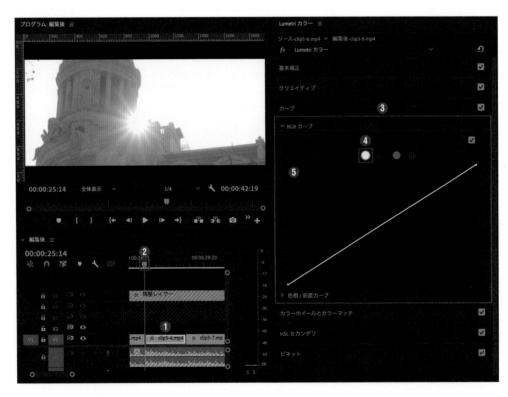

② シャドウを下げて暗い部分を引き締める

カーブ上をクリックすることでコントロールポイント❶が追加され、位置を調整することができます。カーブは下げると暗くなり、上げると明るくなります。コントロールポイントをドラッグ❷して下げていき建物のディテールがくっきりと映るようにシャドウを強めていきます。

 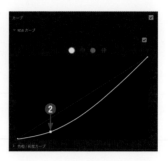

③ ハイライトを上げてコントラストを作る

再びカーブ上をクリックして2つ目のコントロールポイント❶を作ります。
右上に配置したコントロールポイントを上へドラッグ❷すると、ハイライトが強まりコントラストが生まれ、建物の輪郭❸がはっきり見えるようになりました。

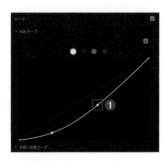 

コントロールポイントの削除

コントロールポイントを削除したい場合は、⌘（ctrl）キーを押しながらクリックします。全て削除したい場合はどこか1つのコントロールポイントをダブルクリックします。

④ エフェクトをオフにする

[カーブ]にあるチェックボックスは調整のオン/オフを切り替えることができます。
チェックボックス❶をクリックして、表示される調整前と比べながら編集を行ってみましょう。再生ヘッドも動かしてみて、複数フレームで編集の効果を確認しながら自分の好きな光の加減を作ります。

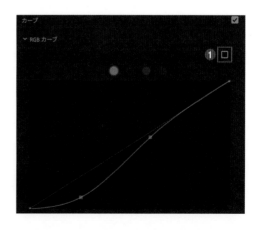

🖉 色相／彩度カーブ 　🖉 HSL セカンダリ 　🖉 選択範囲の反転

色を選んで調整する

映像の色を調整する際には細かく色を選択して変更することで、より自由度の高い演出を行うことができます。ここではカーブとHSLセカンダリを使って調整します。

▶ Chapter5.mp4 　⏱ [00:00:00] - [00:39:00]

1 調整レイヤーを準備する

色の調整を行うときに調整レイヤーを作成してそこに色を追加することで、表示／非表示の切り替えや調整範囲の変更を簡単に行うことができます。

V2トラックに調整レイヤー❶を作成し、V1トラックのクリップの長さにあわせてカットします。

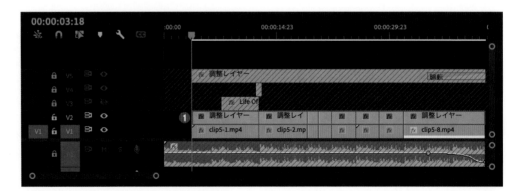

❷　色相で空の色を調整する

クリップ［clip5-8.mp4］上の調整レイヤー❶を選択して、［Lumetriカラー］パネル→［カーブ］→
［色相/彩度カーブ］→［色相 vs 色相］❷の項目を表示します。✒️［スポイト］❸をクリックするとマ
ウスカーソルが切り替わり、［プログラム］パネルの映像から調整したい色を選択できるようになりま
す。空をクリックすると［色相 vs 色相］のグラフ上に3つのコントロールポイント❹が出現します。

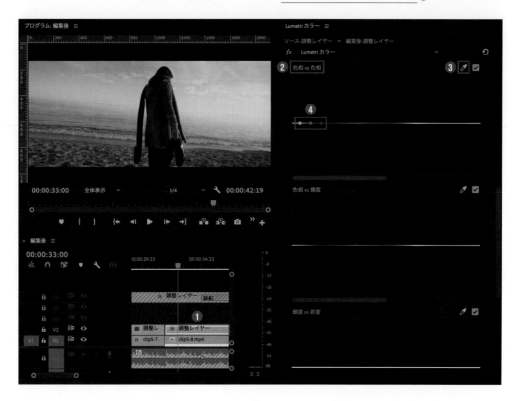

3つのコントロールポイントを横に広げると変化の対象となる色の幅が広がり、上下にドラッグする
ことで色相を変更することができます。ここでは左右のコントロールポイント❺を移動させ空全体の
色を対象に広げ、中央のコントロールポイント❻を少し上げてグリーンを加えてみました。

グラフを使い分けて色を調整する

色自体を大きく変える際は［色相 vs 色相］、色の濃淡を変える際は［色相 vs 彩度］、色の明るさを変え
る際は［色相 vs 輝度］と調整したい内容によってグラフを使い分けていきます。

③ 彩度で太陽の光を鮮やかにする

次に［色相 vs 彩度］を使って太陽の色をより鮮やかに調整します。

再生ヘッドをクリップ［clip5-8.mp4］の太陽が映っているフレームに移動❶します。［Lumetri カラー］パネル→［カーブ］→［色相／彩度カーブ］→［色相 vs 彩度］❷ の項目を表示し、🖊［スポイト］❸をクリックします。［プログラム］モニターの映像から太陽の部分をクリックすると、グラフ上の暖色部分に３つのコントロールポイント❹が出現します。

３つのコントロールポイントのうち中央❺を上げることで、太陽のオレンジ色の彩度が高まり、より鮮やかな色になります。

④ HSL セカンダリを表示する

クリップ［clip5-2.mp4］上の調整レイヤー❶を選択します。［Lumetri カラー］パネル→［HSL セカ
ンダリ］❷を使用することで、より細かく編集対象になる色の範囲を指定することができます。
［設定カラー］の✎［スポイト］❸を選択し、［プログラム］モニターの映像からモデルの女性の肌の明
るい部分をクリックします。選択した部分の H（Hue 色相）、S（Saturation 彩度）、L（Lightness
輝度）の範囲が HSL スライダー❹にグレーのバーで表示されます。

⑤ 範囲を広げて細かく選択する

［カラー / グレー］❶のチェックボックスをクリックしてオンにすると、選択している色の範囲以外の
ピクセルがグレーで表示されるようになります。ここから HSL スライダーで選択範囲を調整します。
スライダーの中央❷をドラッグすることでスライダーを移動できます。スライダー上部の逆三角形
❸をドラッグして HSL の選択範囲を拡大・縮小し、スライダー下部の三角形❹をドラッグしてトラ
ンジションの範囲を拡大・縮小できます。肌全体が選択範囲となるようにスライダーを調整します。

6 暗部に色を加える

影となっている部分に深みを出すために緑色を加えていきます。

[カラー/グレー]の右にある◪[選択範囲の反転]❶をクリックし、選択範囲を反転すると今まで選択範囲ではなかった影になっている部分が選択範囲となり色が付きます。画面を見ながらLスライダー❷で調整したい影の部分が選択範囲に含まれるように範囲を広げます。

選択範囲が決まったら、[修正]❸のグレーディングツール中央の十字カーソルを左下の緑の方向へドラッグ❹します。[カラー/グレー]のチェックボックス❺のチェックを解除すると、調整の結果が反映されて[プログラム]モニターで確認できます。

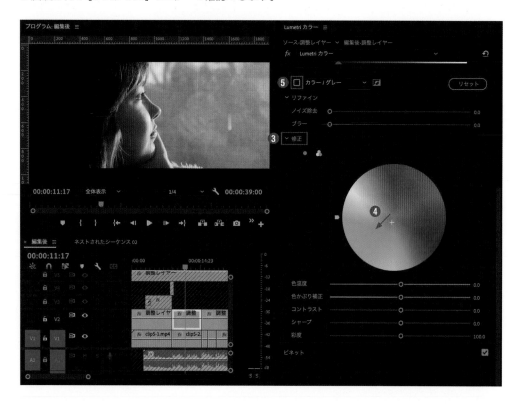

⑦ マスクで細かく選択する

[エフェクトコントロール] パネル→ [Lumetri カラー] → ◯[楕円形マスクの作成] ❶をクリックし、
映像内をドラッグして任意の範囲を囲むことで、その部分にだけ [Lumetri カラー] のエフェクトの
調整を適用することができます。ここでは頭部❷を囲んで [マスクの境界のぼかし: 100.0] ❸にし
て境目を自然に調整します。

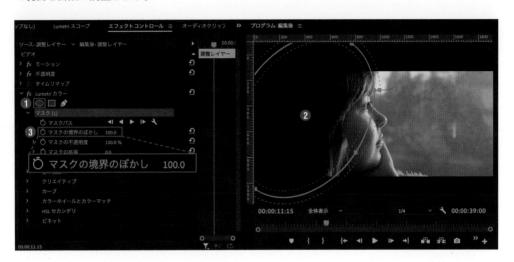

⑧ エフェクトの複製で細かく調整する

調整レイヤーの [エフェクトコントロール] パネル→ [Lumetri カラー] のエフェクトを選択し、⌘
(ctrl) + C キーでコピーし、今度は [clip5-2.mp4] の [エフェクトコントロール] パネル❶に ⌘
(ctrl) + V キーでペーストします。複製した [Lumetri カラー] のエフェクトを選択し、⬛[エフェ
クトをリセット] ❷をクリックしてパラメーターをリセットします。ここから再び ◯[楕円形マスク
の作成] ❸で顔の部分にマスクを切って、[マスクの境界のぼかし: 100.0] ❹にして境目を自然に調
整します。
ここでは顔の周りが目立つように、[Lumetri カラー] パネル→ [カーブ] → [RGB カーブ] ❺で少し
だけハイライトの明るさを上げました。

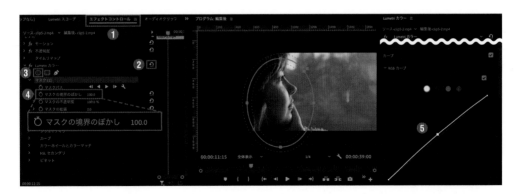

映像を細かく分けて編集を行うことでより自由度の高い編集が可能になります。最後に非表示にして
いたトラックを忘れずに再表示しておきます。

この作例は少し難しく感じたでしょうか？ マスクやエフェクトを多用すると、操作が複雑になり、次の作業がわからなくなってしまうことがあるかもしれません。そんなときはクリップを選択して［エフェクトコントロール］パネルから各エフェクトの状態を確認すると、どの操作まで行っていたか確認できるので焦らずゆっくり取り組みましょう。

◦ テーマは「光の方向」

この作例では一貫して「光の方向」を意識して作っており、各クリップで「光を向く」、「光へ向かう」ことを意識しながら音楽に合わせて場面が移り替わるようにクリップを並べています。

◦ オープニングの工夫

クリップ［clip5-1.mp4］は［スケール］で拡大してから［回転］を調整し、映像の地面が水平になるようにしています。［回転］を使うと画面の四隅に空白部分が発生してしまいますが、クロップのエフェクトはそれを隠す効果もあります。さらに今回は物語の始まりを予感させるために、クロップのエフェクトのアニメーションが終わり、映像全体が見えたフレームから音楽が始まるようにしています。

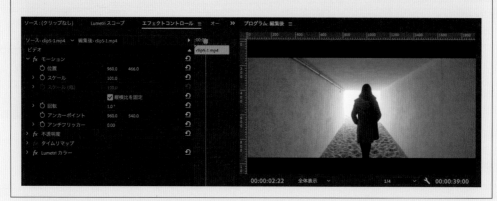

140

◦クリップの長さの工夫

クリップの長さを考えるときにはそのクリップが持つ情報量を考慮する必要があります。被写体がしっかりと映ったクリップは短く、景色などの画面全体を見せるクリップは長めに表示することで、視聴者が混乱せずに映像を把握できるよう工夫しています。

◦揺れを抑える効果

特殊なカメラアングルを使うとき以外は、水平方向に映像の向きを揃える方が安定した印象になります。また、不安定な心理的描写の表現などあえて画面を揺らしたいとき以外は、揺れの大きい映像は［ワープスタビライザー］のエフェクトでカメラの揺れを抑えるとよいでしょう。作例では大きな建物が映っているクリップは安定感を持って見せたかったので、［ワープスタビライザー］を適用しました。

◦プレビュー時のレンダリング

編集をしていくとうまく［プログラム］モニターでうまくプレビューできない部分が出てくる時があります。そんな時は、タイムライン上部のバーの色でクリップの状態を確かめてみましょう。

表示	状態
黄	プレビュー時のレンダリングは不要。書き出し時にレンダリングが必要。
赤	プレビュー時のレンダリングが必要。フルフレームレートでは再生不可。
緑	既に黄か赤だった部分をレンダリングした後の状態。フルフレームレートで再生可能。

エフェクトやクリップを複数重ねるとプレビュー時でもレンダリングが必要になることがあります。レンダリングするには、クリップを選択し、右クリックから［レンダリングして置き換え］をクリックします。（P.175 を参照）

レンダリングすると編集ができなくなるので、再度編集したくなった時は右クリックから［レンダリング前に戻す］をクリックしましょう。ただしこの場合、既に書き出したレンダリングファイルはそのまま残るので不要な場合は削除しておくと良いでしょう。

○光と色の編集について

タイトルの通り、この作例ではバルセロナの日常やリアリティを感じ取れるように、クリップごとにコントラストをはっきりさせて、影もしっかりとつけるように編集しています。また、映像全体が暗くなりすぎないように彩度や明るさも上げるようにしています。

いろいろと説明しましたが、光と色の編集は制作者の好みにもよるので、自分の好きなスタイルを映画やドラマなどから探し出し、参考にしながら編集してみると非常に勉強になるのでおすすめです。

Before　　　　　　　　　　　　　　After

この作例ではクリップ [clip5-8.mp4] に色の追加を行いました。編集前のクリップは太陽の光が弱く海も青く澄んでおり冷たい印象ですが、編集によって全体を暖色に近づけることで柔らかさや温かさを表現しています。色の編集を行っていないクリップでも空や建物などに色を追加して編集の練習をしてみて下さい。

○調整レイヤーの活用

色の調整では、調整レイヤーに対して編集を行うことで、[トラックの表示 / 非表示]の操作だけでクリップに調整を適用する前の色を確認することができます。

また、映像全体にまとめてエフェクトを適用したい場合は Lesson1 のように全体をカバーするサイズの調整レイヤーを作成してエフェクトを適用すると良いでしょう。

マルチカメラを引き立てる

この章ではスタジオでのインタビューをイメージした作例を作ります。マルチカメラは
あまり使う機会がないからこそ、ここで編集方法を習得してしまいましょう。

レベルに合わせてやってみよう！

●○● はじめて Premiere Pro を使う人

紙面の順番にそって操作を進めていきましょう。この Chapter では特殊な機能が多く出てき
ますが、Premiere Pro の機能として何ができるのか覚えておくことが重要です。

○●○ Premiere Pro を使ったことがある人

文字起こしなどの応用できるテクニックの使い方を覚えましょう。作業を簡略化できると動
画を編集するスピードも上がり、より多くの動画作成に取り組めます。

●○○ Premiere Pro の操作に自信がある人

紙面と Backyard を参考に作例を完成させましょう。インタビューは内容の要約も重要なテ
クニックの1つです。わかりやすく編集してみましょう。

🖉同期 🖉リンク解除 🖉マルチカメラ

マルチカメラ編集を行う

スタジオ収録した映像の編集などでよく使われる方法を解説していきます。ここでは複数のカメラと
マイクで収録したインタビューの様子を同期させて1つの画面に表示させます。

① トラックを同期させる

同時に複数撮影した全ての映像と音声素材❶をタイムライン上に段積みします。

全てのクリップ❶を選択し、右クリックから [同期] ❷をクリックして、[クリップを同期] ダイアロ
グ❸の画面を開きます。ここでは [オーディオ] ❹を選択して [OK] ❺をクリックし、音声に合わせ
て選択した他のクリップを自動的に同期させます。

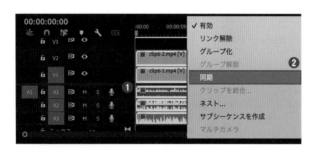

同期が完了したら、ビデオクリップについているオーディオクリップは不要なので削除しておきます。
クリップを選択して右クリックから [リンク解除] ❻をクリックすると、オーディオクリップのみ選
択して削除できるようになります。

② マルチカメラを有効にする

続けて同時に撮影したビデオクリップ❶を全て
選択し、右クリックから［ネスト］❷をクリッ
クします。ここではネストの名前を［インタ
ビュー］としました。

ネスト［インタビュー］❸を右クリックし、［マルチカメラ］→［有効］❹をクリックします。ネスト
内にある2つのクリップを切り替えられるようになります。

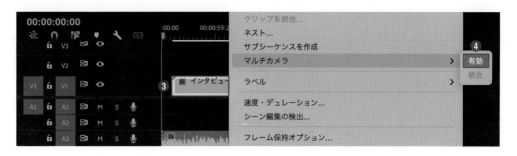

③ ボタンエディターからマルチカメラ用のボタンを準備する

［プログラム］パネルの➕［ボタンエディター］
❶をクリックします。ボタン一覧の中から
📺［マルチカメラ表示を切り替え］❷を［プログ
ラム］パネルにドラッグ❸して追加し、［OK］
❹をクリックします。

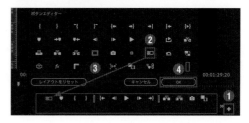

④ マルチカメラでカット編集を行う

［プログラム］モニター上で右クリックして、［マ
ルチカメラプレビューモニタを表示］をクリッ
クして画面の表示を切り替えます。
📺［マルチカメラ表示を切り替え］❶をクリック
すると、画面左側に切り替え可能なクリップ❷
が表示されます。クリップごとに使いたい方を
クリックすると右側の表示が切り替わります。
📺［マルチカメラ表示を切り替え］をオフにする
と、通常のクリップと同様にカット編集を行う
ことができます。インタビューの撮影では余分
な間や、最終的に使用しない部分も含まれてい
るので、動画全体のテンポがよくなるように必
要な部分だけをカット編集で残しておきます。

🔗 Adobe からフォントを追加

フォントをインストールして使用する

テキストを作成する際に様々なフォントを選択することができます。ここではタイトルに使うフォントを Adobe Fonts から新たにダウンロードして使用します。

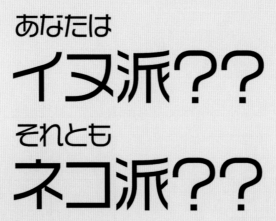

タイトルを囲む枠はシェイプで作成しています。

▶ Chapter6.mp4　⏱ [00:00:00] - [00:04:22]

① タイトルの背景を作る

今回は無地の背景にタイトルを作成していきます。

[プロジェクト] パネル → ■[新規項目] → [カラーマット] ❶を作成します。ここでは背景として使用するので、控えめな色 [#F5EDE3] を指定しました。カラーマットをタイムラインの先頭に配置 ❷します。

② テキストを作成する

ワークスペースを［キャプションとグラフィック］に切り替えます。再生ヘッドをカラーマット上に移動❶させ、Ⓣ［横書き文字ツール］❷でタイトルを入力❸します。今回は後から細かく調整できるように「あなたは」、「イヌ派？？」のようにテキストを複数に分けて作成しました。

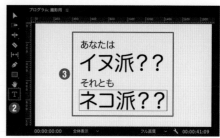

③ フォントをインストールする

［エッセンシャルグラフィックス］パネル→［テキスト］→［フォント］→◎［Adobe Fonts からフォントを追加］❶をクリックすると、Adobe Fonts からフォントの追加を行うことができます。

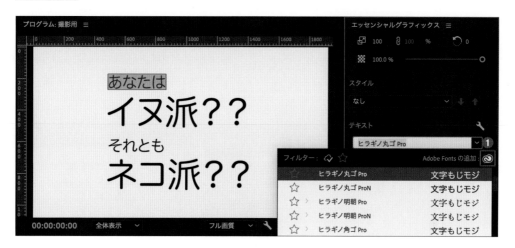

ブラウザが起動し Adobe Fonts の Web サイト❷が開きます。今回は［フォント：VDL ロゴG］を検索して使用しました。気に入ったフォントがあればアクティベートのスイッチ❸をオンにすることで、すぐに Premiere Pro で使用することができます。

✎ ブロックディゾルブ

テキストにトランジションを適用する

クリップをゆっくり表示させるにはディゾルブのトランジションがよく使われます。今回はその中か
らブロックディゾルブを使って雲のように表示させていきます。

▶ Chapter6.mp4　⏱ [00:00:00] - [00:04:22]

① ブロックディゾルブを適用する

グラフィッククリップ❶を選択し、[エフェクト]パネル→[ビデオエフェクト]→[トランジション]
→[ブロックディゾルブ]❷をダブルクリックして適用します。
ビデオトランジションと違い、ビデオエフェクトのトランジションでは[変換終了]のキーフレーム
を打つことでトランジションを設定します。ここでは開始から2秒あたりに再生ヘッドを移動❸さ
せ、[エフェクトコントロール]パネル→[ブロックディゾルブ]→[変換終了:0%]→🕐[アニメー
ションのオン]❹をクリックして、キーフレームを打ちます。

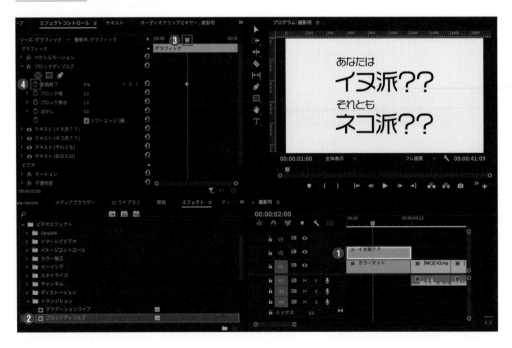

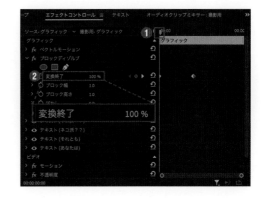

② 変換のアニメーションを作る

続いて先頭に再生ヘッドを移動❶し、[変換終了: 100%]❷としてキーフレームを打ちます。これで [変換終了: 100%→0%] の変化に合わせてブロック状にテキストが出現するトランジションができました。

③ ブロックのサイズを変更する

[ブロックディゾルブ] → [ブロック幅]❶でブロックの横の長さ、[ブロック高さ]❷でブロックの縦の長さを変更することができます。ここではあまり細かくせずに両方とも [10.0] にしました。

④ ぼかしを上げて柔らかい質感にする

[ぼかし] の数値を上げることでブロックをぼかして柔らかい質感にすることができます。ここでは [ぼかし: 30.0]❶に設定し、さらに [ソフトエッジ]❷にチェックを入れました。

📎 自動文字起こし　📎 キャプションの作成　📎 グラフィックプロパティ　📎 トラックスタイル

音声からキャプションを追加する

自動文字起こしの機能を使うことで、音声を解析して自動でキャプションを作成してくれます。作成したキャプションは通常のテキスト同様に自由にスタイルを変更することができます。

普通にしていたら
ネコちゃん側から来てくれる

注目の最新機能を使っていきましょう。

▶ Chapter6.mp4　⏱ [00:05:13] - [00:40:20]

① シーケンスから文字起こしを行う

[テキスト] パネルからキャプションの設定を行うことができます。

ワークスペースを [キャプションとグラフィック] に切り替えます。[テキスト] パネル→[キャプション] → [自動文字起こしを開始] ❶ をクリックします。

［自動文字起こし］ダイアログ❷が開くので、オーディオトラックに合わせて解析する条件を設定します。ここでは［言語: 日本語］❸と［オーディオ分析: オーディオ1］❹と指定し、［文字起こし開始］❺をクリックして分析を開始します。

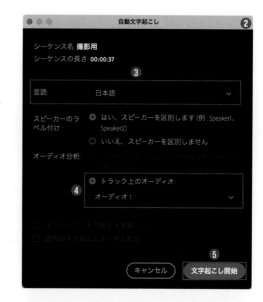

❷ 文字起こしの文章を修正する

分析されて起こされた文章は完璧とは言えません。また、動画の内容をわかりやすく伝えるためには、伝えたいことがまとまった文章になるように編集する必要があります。

［文字起こし］タブ❶のテキスト❷をダブルクリックすると、通常のテキストと同じように手動で文章を修正できます。まずは間違った文章となっている部分を修正しましょう。

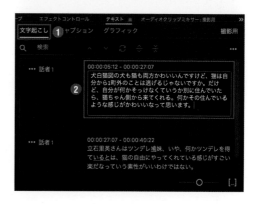

❸ キャプションの作成

文章の修正が終わったらメニュー❶から［キャプションの作成］❷をクリックします。

［キャプションの作成］ダイアログ❸が表示されるので、ここではデフォルトの設定のまま［作成］❹をクリックします。

新たにキャプショントラックC1❺が作成され、音声に応じてクリップの位置が割り当てられます。

④ アピアランスを変更する

作成したキャプションを確認すると、タイミングや改行がずれているかもしれませんが、先にテキストのアピアランスを変更していくことで効率の良い修正を行うことができます。

C1トラックのクリップどれか1つ❶を選択し、[エッセンシャルグラフィックス] → [アピアランス]で設定を変更します。ここでは [塗り:#FFFFFF] ❷、[境界線:#000000]、[境界線の幅:中央 19.0] ❸、[シャドウ: #000000] ❹とし、[フォント: ヒラギノ角ゴPro W6]、[フォントサイズ: 90] ❺にしています。

⑤ グラフィックプロパティを変更する

[アピアランス] → 🔧[グラフィックプロパティ] ❶をクリックして、[グラフィックプロパティ] ダイアログ❷を開きます。[線の結合: ラウンド結合] ❸に変更して [OK] ❹をクリックすると、テキストに丸みが加わり、やさしい印象に変わります。

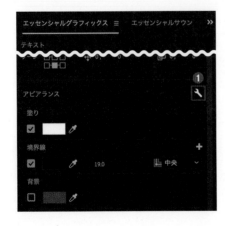

6 トラックスタイルからスタイルを作成する

[トラックスタイル] を作成することで、簡単に他のテキストにも設定を適用できるようになります。[エッセンシャルグラフィックス] パネル→ [トラックスタイル] → [スタイルを作成] ❶から、ここでは名前を [白字] としてテキストのスタイルを作成します。[プロジェクト] パネルに作成したトラックスタイル❷が追加され、他のクリップでも [トラックスタイル] から選択すると適用されます。

7 キャプションを編集する

[テキスト] パネルで任意のキャプション❶をクリックすると編集できます。[プログラム] パネルでテキストの表示を確認しながら、改行の調整や余分な言葉を削除し修正していきます。

キャプションクリップは、[タイムライン] パネルでも通常のクリップ同様に編集を行うことができます。また、[エッセンシャルグラフィックス] パネル❷でキャプションのレイヤー❸をクリックすると [プログラム] パネルにキャプションの範囲❹が青い枠の形で出現するので、ドラッグ操作でキャプションを表示する範囲を移動することもできます。

✎ 縦書き文字ツール

縦書きテキストを追加する

日本語を扱う場合は縦書きでテキストを記載することもあります。縦書き文字ツールを使用することで、ここではインタビュアーのセリフを作成し、別の話者であることを表現します。

複数のテキストを使う場合は、見た目を変えて分かりやすくする工夫が重要です。

▶ Chapter6.mp4 ⏱ [00:27:03] - [00:31:02]

1 縦書き文字ツールを使用する

ツールバーの **T**[横書き文字ツール] ❶ を長押しし、**IT**[縦書き文字ツール] ❷ をクリックします。テキストを追加したい部分で [プログラム] モニター上をクリックしテキストを入力します。

② アピアランスで編集する

縦書きのテキストも［アピアランス］で見た目を変更することができます。インタビュアーのセリフは大きく目立たせる必要はないので、ここでは［フォント：VDLロゴG　R］、［フォントサイズ：100］❶、［塗り：#FFFFFF］❷、［境界線：#000000］、［境界線の幅：中央　10.0］❸、［シャドウ］❹をオンにしました。横書き文字と異なる見た目にすることで、話者の区別を強調しています。

③ アウトロを作る

動画のアウトロ（P.156を参照）部分を静止画と縦書きテキストで作成します。

インタビューの終わりにクリップ［photo6-1.jpg］を配置し、🆃［縦書き文字ツール］でテキスト［ネコ派一言　ネコは自由気ままなところがいい］を作成します。ここでは［フォント：ヒラギノ丸ゴPro］、［塗り：#FFFFFF］❶を選択しました。さらに今回は文字が見にくくならないように、［背景］にチェックを入れて［塗り：#000000］、［不透明度：85%］、［サイズ：220.0］❷としました。［シャドウ］❸にもチェックを入れ画面の左端の方に配置しておきます。

アウトロの前後は［クロスディゾルブ］を適用し、ゆっくりと画面が切り替わるようにします。

音楽クリップは映像に合わせて徐々に音が小さくなるように［コンスタントゲイン］を適用して完成です。

Chapter6からは少し変わった機能を使った作例の編集に取り組んでもらっています。バージョンによって機能の名称やボタンの配置が変更になっていることもあるので、Adobeからの更新情報を確認して最新の情報をチェックするのも大事です。

◦カメラの切り替え

作例ではカメラを切り替えるポイントに明確な意図があります。スタッフのセリフが入る部分のみを引きの映像へと切り替えており、話者の交代を意識してカメラの切り替えを行いました。

◦3幕構成について

インタビューを本編とし、その前後にイントロ❶とアウトロ❷を入れています。多くの場合、イントロは本編が始まる前のオープニングやダイジェスト（アバン）、アウトロは動画の締めくくりを作ります。一般的な動画作品は3幕構成でできているのです。

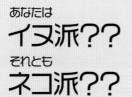

◦インサートをはさむ

内容を視聴者にイメージしてもらうために別で撮影された映像を差し込む場合があります。これをインサートやBロールと呼びます。作例では猫のイメージを伝えるために、途中で猫の映像を配置しています。また、クリップの開始と終了にクロスディゾルブを適用して話者が回想しているかのようにゆっくりと見せています。

合成を極める

この章ではクロマキー合成を使った特撮をイメージした作例を作ります。短い動画ですが、クオリティーを上げるにはマスクの細かい調整が必要不可欠です。

レベルに合わせてやってみよう！

◉━ はじめてPremiere Proを使う人

紙面の順番にそって操作を進めていきましょう。マスクの調整は地道な作業ですが、最後まで頑張りましょう。合成のテクニックは作れる動画のレパートリーを広げてくれます。

━◉━ Premiere Proを使ったことがある人

マスクをきれいに切ってできるだけ合成の不自然さをなくしていきましょう。背景や光の調整を工夫するとより自然な合成映像になります。

━━◉ Premiere Proの操作に自信がある人

外部サイトや自身の素材からキーイングして合成に使えるものを取り入れてみましょう。より迫力のある動画作りにチャレンジしてみて下さい。

🖉 Ultraキー

クロマキー合成を行う

クロマ（色）をキーイング（抜き取る）する作業はVFXや合成映像でよく使われる手法です。ここでは緑のグリーンバックをキーイングしていきます。

1 クリップを配置する

背景を配置するV1トラックを空けて、V2トラックにキーイングするクリップ［clip7-1.mp4］❶を配置します。ここでは［スケール：180.0］❷に変更し、［位置］❸も被写体の腰から上が映るように調整します。［プログラム］モニターで再生し、見せたい動きが画面外となってしまっていないか確認します。

② Ultraキーを適用する

[エフェクト] パネルから [Ultraキー] ❶を検索し、ダブルクリックしてクリップ [clip7-1.mp4] に適用します。[エフェクトコントロール] パネル→ [Ultraキー] → [キーカラー] → ◢スポイト❷をクリックし、[プログラム] パネル内の緑の背景部分をクリックすると、映像内の同じ色を抜くことができます。色を抜いた部分は黒く表示されますが実際は透明になっています。

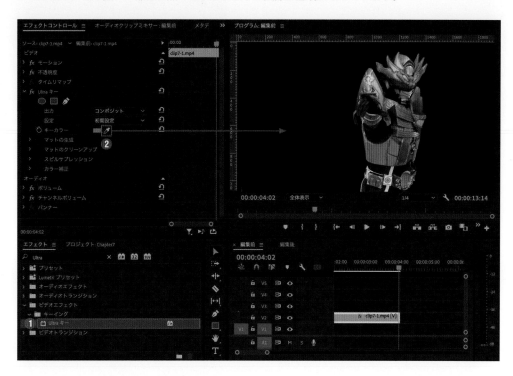

③ アルファチャンネルで表示する

[出力: アルファチャンネル] ❶に変更すると、キーイングで切り抜かれた部分が黒、残っている部分が白で表示され、一目でどの部分が切り抜かれたのか確認することができます。

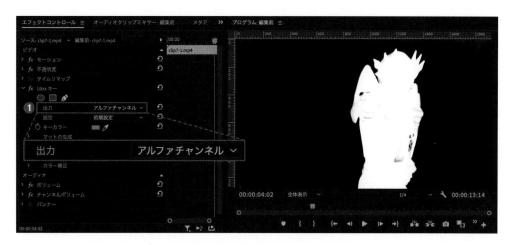

④ マットの生成で透明にする色を指定する

続けて、[マットの生成] ❶の項目を展開し、切
り抜く部分の明るさや透明にする範囲や強さを
決めます。再生して確認しながら、被写体の白
いシルエットがしっかり残るように調整します。

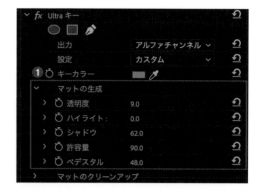

⑤ マットのクリーンアップで境界線を調整する

[マットのクリーンアップ] の項目を展開し、被写体と背景の境界線を調整します。
[出力: コンポジット] ❶に戻して被写体の境界線を確認します。[チョーク: 5.0] ❷程度に上げて
エッジを削りシャープにしておき、[柔らかく: 20.0] ❸程度に上げて境界線をぼかします。再生し
て確認しながら、境界線が馴染むように数値を調整します。

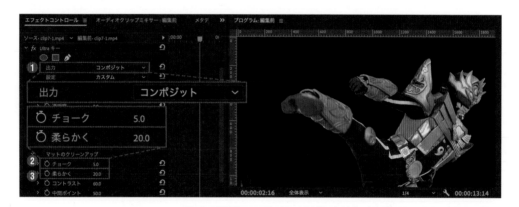

⑥ 不透明度のマスクで切り抜く

[エフェクトコントロール] パネル→ [不透明度] → 🖊[ベジェのペンマスクの作成] ❶をクリックし
て、映像内の被写体を切り抜く❷ことで綺麗に切り抜けなかった背景を削除します。[マスクパス]
→ ⏱[アニメーションのオン] ❸でキーフレームを打つと、フレームごとの被写体の動きに合わせて
細かくマスクパスを変更することができます。

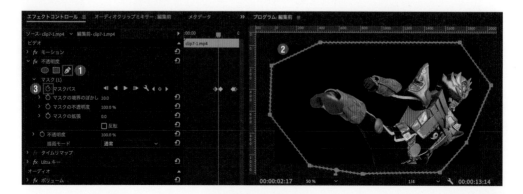

7 一部のエフェクトを外す

被写体に背景の色と同じものがある場合、一緒に色が抜かれてしまいます。

[Ultraキー] → ✐[ベジェのペンマスクの作成] ❶を使って、被写体の胸の中心にある緑のオブジェクトを囲み❷、マスクを作成します。

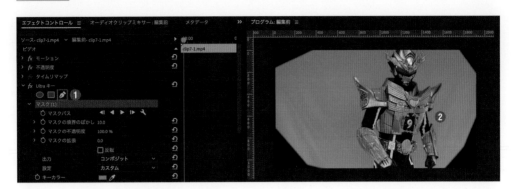

[マスク] の項目から [反転] ❸にチェックを入れることで、マスクで囲んだ胸のパーツ以外の緑が抜かれます。

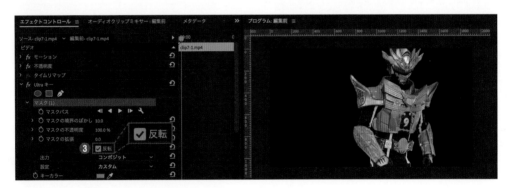

8 マスクのトラックで追随させる

[マスクパス] → ▶[選択したマスクを順方向にトラック] ❶をクリックすると、自動的に映像内の動きを解析してマスクを追随させることができます。再生して確認しながら、マスクの範囲を調整していきます。

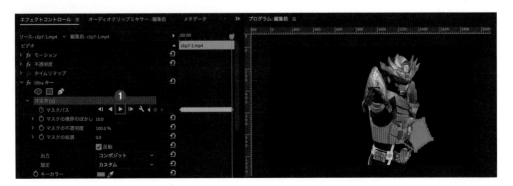

🔖 エフェクトのマスク　🔖 マスクの拡張

合成用背景を設定する

クロマキー処理で背景を透過させた素材の下に背景画像を挿入していきます。ここでは背景をぼかして被写体を際立たせるようにします。

Before

After

ブラーをかけることで合成による不自然さも減らすことができます。

▶ Chapter7.mp4　⏱ [00:04:23] - [00:41:11]

① 背景画像を設置する

クロマキー処理で背景を透過させた映像クリップの下に背景用の画像 [Photo7-1.jpg] ❶ を配置します。

❷ ブラー（ガウス）でボケを作る

背景がくっきりと見えると、画面の情報量が多くなりすぎて被写体が目立たなくなってしまいます。

クリップ［Photo7-1.jpg］を選択し、［エフェクト］→［ブラー（ガウス）］を検索してダブルクリックで適用します。［エフェクトコントロール］パネル→［ブラー：60.0］❶程度に上げて、背景の輪郭をぼかすことで被写体に目が行くようにします。

❸ ブラーの範囲を指定する

［ブラー］→ ▦［4点の長方形マスクの作成］❶をクリックすることで、画面内に長方形のエフェクトのマスク❷が出現します。

マスクのコントロールポイントをドラッグし、画面上部を囲みます。［マスクの境界のぼかし：500.0］❸に上げて、背景の水平線に近いほどボケが強くなるようにしました。［マスクの拡張］❹を使うとマスクの形を変えずに範囲を広げることができるので、背景全体がぼんやりと見えるように調整します。

🖉 ルミナンスキー

ルミナンスキーで背景を抜く

色情報でキーイングを行うクロマキーに対して、明るさでキーイングを行うルミナンスキーを使うことで黒背景の映像を合成させることができます。

VFX素材を重ねてクオリティを上げていきます。

▶ Chapter7.mp4 ⏱ [00:01:17] - [00:03:04]

1 ルミナンスキーを適用する

黒背景のエフェクト素材クリップ［clip7-2.mp4］ ❶を1番上のトラックに重ねて配置します。［エフェクト］パネル→［ルミナンスキー］❷を検索し、ダブルクリックで適用すると黒い背景部分が切り抜かれ、明るさを持つ部分のみが残ります。

② 合成を調整する

被写体のキックの動きとエフェクトの炎の光がタイミングよく重なるように、クリップ [clip7-2. mp4] の先頭を [00:00:01:17] 付近に移動❶させます。

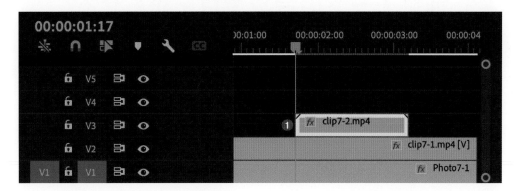

再生ヘッドを動かしてコマ送りで確認しながら、[エフェクトコントロール] パネルでクリップ [clip7-2.mp4] の [位置]、[スケール]、[回転] ❷を調整して、好みの演出を作ります。

③ クリップの上下に複製する

クリップ [clip7-1.mp4] と [clip7-2.mp4] ❶をそれぞれ1つ上のトラックに移動させます。
option (alt) キーを押しながらクリップ [clip7-2.mp4] をドラッグ❷し、複製することで被写体の後ろからもエフェクトが出現するようにします。

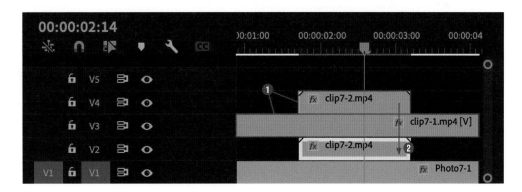

🔗 スクリーン（描画モード）

描画モードの合成で目を光らせる

描画モードの使い方を知ることで合成の幅を広げることができます。ここでは描画モード［スクリーン］を使って光を強くします。

Before | After

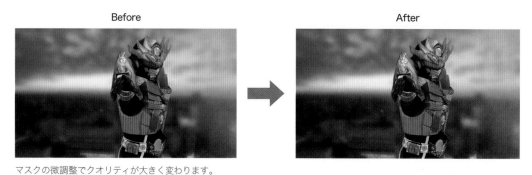

マスクの微調整でクオリティが大きく変わります。

▶ Chapter7.mp4 ⏱ [00:04:03] - [00:04:19]

① 合成したい部分を複製する

ここではポーズにあわせて被写体の目を光らせたいので、［clip7-1.mp4］の［00:00:04:03］から［00:00:04:19］の範囲でカット❶しておきます。カットした範囲を option （ alt ）キーを押しながらドラッグ❷して複製します。

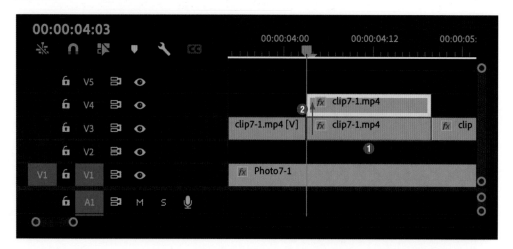

② スクリーンで合成する

複製した側のクリップを選択し、今回は再生ヘッドをクリップの中央付近に移動❶します。既にマスクが作成されているので削除しておき、[エフェクトコントロール] パネル→ [不透明度] → ✒[ベジェのペンマスクの作成] ❷をクリックして、改めて [プログラム] モニター上で光らせたい目の部分❸を切り抜きます。[描画モード: スクリーン] ❹に変更すると、明るい部分が重ねられることで光が強くなります。

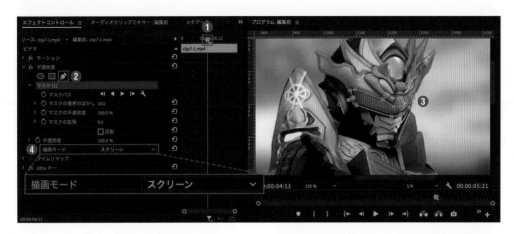

③ トラッキングで動きを合わせる

[マスクパス] → ◀[選択したマスクを逆方向にトラック] ❶、▶[選択したマスクを順方向にトラック] ❷の両方をクリックし、映像内の動きに合わせてマスクを自動的に追随させます。トラッキングしたデータはマスクパスにキーフレームとして保存されるので、ここでもフレームごとにマスクの範囲を確認して調整します。

④ トランジションを加える

このままだと急に目が光る状態なので、複製したクリップ両端に [エフェクト] パネル→ [クロスディゾルブ] ❶を検索してドラッグ❷することで適用し、光の演出を柔らかくしました。

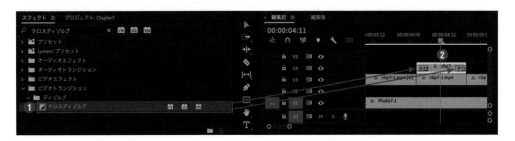

4色グラデーション レンズフレア

4色グラデーションで
ライトリークを作る

映像の上に光漏れの表現を加えることで幻想的な印象を与えることができます。ここでは4色グラデーションを使ってライトリークを作成します。

Before

After

光を重ねると背景との一体感が増します。

▶ Chapter7.mp4　⏱ [00:00:00] - [00:05:20]

① 調整レイヤーを配置する

[プロジェクト] パネル → ■[新規項目] → [調整レイヤー] をクリックし、作成した調整レイヤー①をタイムラインの一番上のトラックに配置して他のクリップ全体にかかるように範囲を広げます。

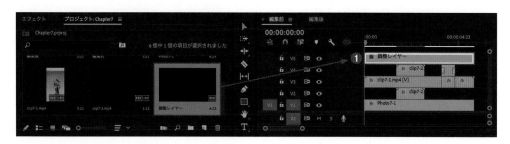

ライトリーク

直訳の通り「光の漏れ」を意味し、カメラ本体の隙間などから余分な光がセンサーに漏れて淡い光が記録される現象のことです。映像編集では、この現象をあえて作り出すためにライトリーク素材を重ねて合成することがあります。

② 4色グラデーションを適用する

調整レイヤー❶を選択し、[エフェクト] パネル→ [4色グラデーション] ❷を検索して、ダブルク
リックで適用します。

[エフェクトコントロール] パネル→ [4色グラデーション] → [位置とカラー] ❸から、表示される4
色を選択することができます。ここでは [カラー1] の色を被写体に合わせてオレンジ [#FFC600]
❹にしておき、それ以外を黒 [#000000] に設定しました。

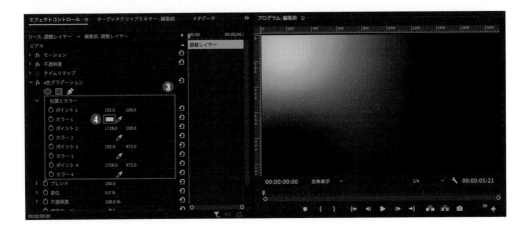

③ 光を動かす

続いて、[ポイント1] ❶をクリックすると [プログラム] モニター内に [カラー1]～[カラー4] に対応する4つのポイント ❷が出現します。[ポイント1]→ ⊙[アニメーションのオン] ❸をクリックしてキーフレーム ❹を打ちます。

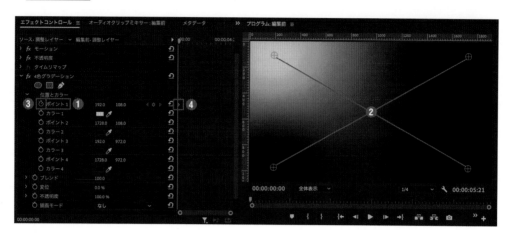

最終フレームに再生ヘッドを移動 ❺させて、[プログラム] モニター内でポイントを画面右下へドラッグ ❻で移動させます。キーフレーム ❼が打たれ、オレンジの光が左上から右下へと動くアニメーションができました。他の [カラー] のポイントも邪魔にならないように移動させておきます。

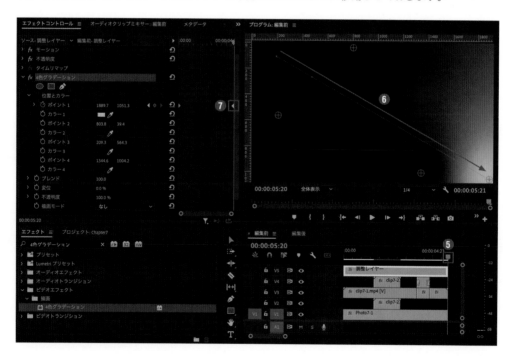

4 光の合成を調整する

［描画モード：スクリーン］❶に変更することで、明るい部分が他のクリップの映像に合成されます。
ここでは光が強くなり過ぎないように、［不透明度：50.0%］❷に下げて強さを調整しました。

5 レンズフレアを追加する

さらに調整レイヤーに対して、［エフェクト］パネル→［レンズフレア］❶を検索して、ダブルクリックで適用します。［エフェクトコントロール］→［レンズフレア］❷の各項目で、［フレアの明るさ］や
［元の画像とブレンド］を変更し、映像内の光の表現を調整すれば完成です。

作例を通じてクロマキー合成を使用してきましたが、細かなマスクの調整でかなり苦戦したのではないでしょうか。また、背景やVFXと自然に溶け込ませるのもなかなか高度な技術が必要です。作業にはある程度の慣れも必要なので何度も挑戦してみて下さい。

⦿ エフェクトは使って確かめる

作例では調整レイヤーの最後に［エフェクト］パネルから［VR ライトリーク］を検索して適用しています。

VR ライトリークは画面全体に光を追加して、徐々に映像をフェードしていくトランジションです。使ったことのないエフェクトを使用することで新たな発見があります。ここでは特典の「エフェクト辞典」をチェックして自分の好きなトランジションを適用してみて下さい。

「エフェクト辞典」は分類にごとに分けて収録しています。エフェクトの効果と適用条件をコメントで紹介しているので逆引きとして活用してください。

素材を生かす

この章では360°カメラで撮影した映像を使ってRPGゲームをイメージした作例を作ります。Premiere Proでは表現できない部分は素材を生かして作成することも大切です。

レベルに合わせてやってみよう！

◉━ はじめて Premiere Pro を使う人

紙面の順番にそって操作を進めていきましょう。様々な素材の読み込み方を知っていると、動画に利用できる幅が広がりオリジナル作品作りに役立ちます。

◉━ Premiere Pro を使ったことがある人

テンプレートの登録は定期的に動画を作成するときに非常に役に立ちます。また、四角形ツールなどの作り込み部分もしっかりマスターしておきましょう。

◉━ Premiere Pro の操作に自信がある人

360°動画はGoProで撮影されており、あらかじめアドオンを使って編集されています。もとの動画をアドオンで編集するところから挑戦してみて下さい。

🔗 ローカルテンプレート　🔗 レンダリングして置き換え

ループする背景を作る

エッセンシャルグラフィックスのテンプレートを使用すると、簡単に見た目をよくすることができます。
一方で編集中に再生するときの処理に時間がかかるため、ここではクリップに書き出して使用します。

▶ Chapter8.mp4　⏱ [00:00:00] - [00:09:26]

❶ ローカルテンプレートを使用する

ワークスペースを［キャプションとグラフィック］に切り替えます。
［エッセンシャルグラフィックス］パネル→［参照］→［ローカルテンプレートフォルダー］❶にチェックを入れることで、Premiere Proにもともとあるテンプレートを表示します。ここでは［背景ループ（ゲーム）］❷というループ素材を検索し、タイムラインにドラッグ＆ドロップで配置します。

② テンプレートを編集する

［エッセンシャルグラフィックス］パネル→［編集］❶をクリックし、テンプレートのアニメーション
やスタイルを変更します。ここでは［スタイル］→［メインカラー：#FF0000］、［セカンダリカラー：
#FFD6D6］❷に変更して、全体を赤系統のカラーに変更しました。

③ テンプレートをレンダリングする

編集可能なテンプレートの状態だと、タイムライン上部のバー❶が赤く表示され、レンダリングが
必要なことが示されています。一度動画として書き出すとスタイルを変更することはできなくなりま
すが、ファイルサイズが小さくなりプレビューしやすくなります。クリップ［背景ループ（ゲーム）］
を右クリックして、［レンダリングして置き換え］❷をクリックします。

［レンダリングして置き換え］ダイアログ❸で形式やプリセット、保存先を選択して［OK］❹をクリック
すると書き出しが始まり、終了するとタイムライン上のテンプレートがビデオクリップに変換❺されます。

175

🔗アルファチャンネル　🔗押し出し

アルファチャンネル付き動画を使う

クロマキー処理やマスクを使わずとも背景が透明に処理されているアルファチャンネル付きの動画を
使用すると、特別な効果を使わずに下に配置した素材と組み合わせて合成を行うことができます。

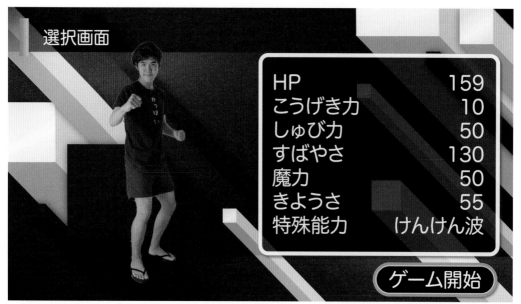

あらかじめ背景を透過しておくと操作が楽になります。

▶ Chapter8.mp4　⏱ [00:00:00] - [00:09:26]

① 背景素材の上に配置する

Lesson1で作成した背景ループ（ゲーム）の上
にアルファチャンネル付きビデオクリップを配
置します。背景が透過されているためキーイン
グを行わなくても人物のみが表示❶されます。

アルファチャンネル

映像（画像）を構成する画素の色の情報に加
え、その不透明度の情報（アルファ値）が設
定されている形式のものを指します。

② 押し出しのトランジションで登場させる

ここではゲームのキャラクターセレクト画面を表現したいので、人物が映っているアルファチャンネル付きビデオクリップ [clip8-1.mp4]、[clip8-2.mp4]、[clip8-3.mp4]、[clip8-4.mp4]、[clip8-5.mp4] をカット編集で同一ポジション動画を作って並べておき❶、先頭のクリップにだけ [エフェクト] パネル→ [ビデオトランジション] → [スライド] → [押し出し] ❷を検索し、ドラッグして適用することで画面左から人物がスライドして登場するようにしておきます。

One Point

アルファチャンネル動画をもっと知る

透明グリッドで表示する

[プログラム] モニター→ ✏ [設定] → [透明グリッド] をクリックすると、透明な部分がグリッドで表示されるため、背景の状態が分かりやすくなります。なお、書き出した場合は黒い表示のままです。

アルファチャンネルの書き出し設定

透明の背景のアルファチャンネルを保った状態で書き出すには、以下の設定で行います。

メニューバー [書き出し] → [ソース：メディアファイル] → [形式：QuickTime] → [ビデオ] → [ビデオコーデック：アニメーション] → [基本ビデオ設定] → [⋯その他] → [ビット数：8 bpc + アルファ]

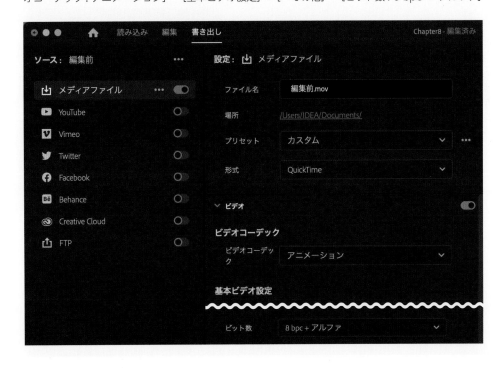

モーショングラフィックス
テンプレートを作成する

一度作成したグラフィック素材をテンプレートとして保存することで、再度使う際に簡単に使用することができます。よく使うテロップの型などを保存しておくと動画編集が効率的になります。

▶ Chapter8.mp4　⏱ [00:00:12] - [00:09:26]

1　グラデーションで色をつける

ワークスペースを［キャプションとグラフィック］に変更し、■［長方形ツール］❶で画面の左上に縦長の長方形❷を描きます。

［エッセンシャルグラフィックス］パネル→［編集］→［アピアランス］→［塗り］をクリックして、［カラーピッカー］ダイアログを開きます。［塗りオプション：線形グラデーション］❸に変更し、ここでは左側のカラー分岐点を［#FF9D00］❹、右側のカラー分岐点を［#FFCE00］❺として［OK］❻をクリックします。

② 透明のグラデーションを作る

同様の手順で今度は横長の長方形❶を作成し、
[エッセンシャルグラフィックス] パネル→ [編
集] → [アピアランス] → [塗り] をクリックし
て、[カラーピッカー] ダイアログを開きます。

[塗りオプション: 線形グラデーション] ❷に変更し、左側の▲[カラーの分岐点] を黒 [#000000]
❸、右上の■[不透明度の分岐点] を [不透明度: 0%] ❹にすることで長方形の右側が徐々に透明に
変化していくグラデーションになります。

また、◇[不透明度の中間点] ❺をドラッグすることでグラデーションが始まる場所を変更すること
ができるので好みで調整し、[OK] ❻をクリックします。ここで作った長方形は一番下のレイヤーと
して配置しておき、ザブトンとして使用します。

③ テロップの表示を作成する

T[横書き文字ツール] ❶でテロップを作成しま
す。ここではゲーム開始前のキャラクター選択
画面を表現したいので [選択画面] ❷としまし
た。

④ テロップを上から登場させる

[エフェクトコントロール] パネルを開き、[シェイプ] の項目❶を展開します。再生ヘッドをクリップの先頭から10フレーム後に移動させ、[トランスフォーム] → [位置] → ⏱ [アニメーションのオン] ❷でキーフレームを打ちます。続けて、再生ヘッドをクリップの先頭に移動し、[位置] の縦軸❸を動かしてシェイプ❹を画面外に出します。2つ目の [位置] のキーフレームが打たれ、画面の上からオレンジの長方形が落ちてくるアニメーションができました。

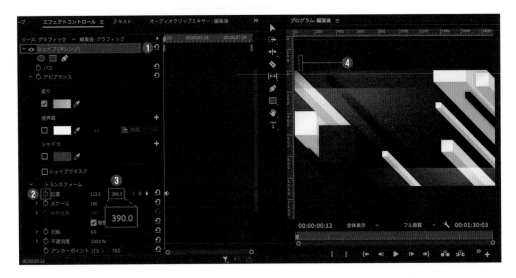

⑤ クロップでテキストを出現させる

ここではクロップを使ってテキストを出現させるアニメーションを作ります。
[エフェクト] パネル → [クロップ] ❶を検索してダブルクリックで適用します。

[エッセンシャルグラフィックス] パネル → [クロップ] ❷を選択すると、[プログラム] モニターに青い枠で示されたマスクの範囲❸が表示されます。クロップを適用すると、マスクの中に含まれる部分しか表示されなくなります。

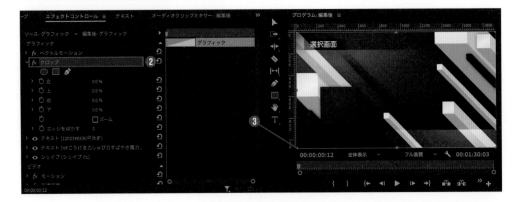

マスクの範囲の右側をドラッグ❹してオレンジのシェイプの右端の位置とあわせ、[クロップ] → [右]
→ ⏱[アニメーションのオン]❺をクリックしてキーフレームを打ちます。コマ送りで再生していき、
画面外からオレンジのシェイプが登場してから、隠していたテキストが全て見えるように [右:
50.0%] 程度に変化するキーフレーム❻を打つことで、連動しているように見えるテロップのアニ
メーションが完成しました。

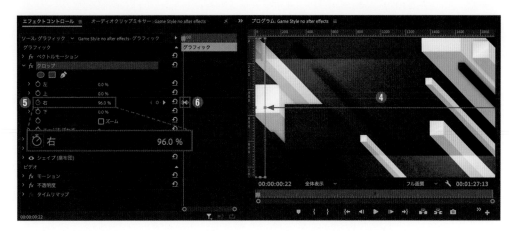

6 モーショングラフィックステンプレートとして書き出す

作成したテロップのクリップ❶を選択して、右クリックから [モーショングラフィックステンプレー
トとして書き出し]❷をクリックします。

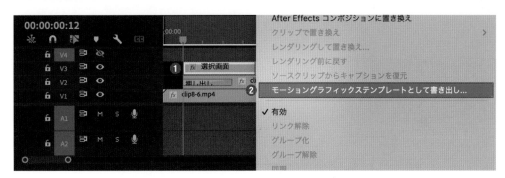

[モーショングラフィックステンプレートとして
書き出し] ダイアログ❸で名前や保存先を決め
て [OK]❹をクリックすると [エッセンシャル
グラフィックス] パネルのテンプレートの中に
作成したテロップのテンプレートが追加されま
す。

🔗 モーショングラフィックステンプレートをインストール

モーショングラフィックス
テンプレートを読み込む

エッセンシャルグラフィックスのテンプレートは外部からダウンロードして読み込むことも可能です。素材サイトで配布されているものもあるので使い方を覚えましょう。

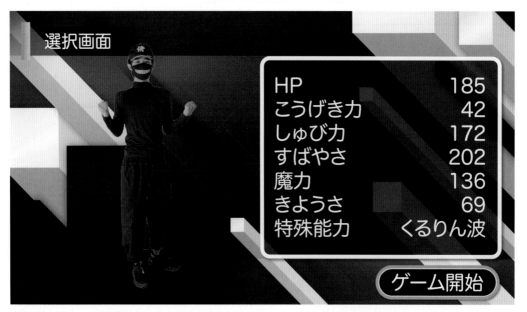

便利なテンプレートは積極的に使っていきましょう。

▶ Chapter8.mp4 ⏱ [00:00:12] - [00:09:26]

① モーショングラフィックステンプレートをインストール

[エッセンシャルグラフィックス] パネル→ [参照] の右下にある 🔲 [モーショングラフィックステンプレートをインストール] ❶をクリックします。ここではダウンロードファイルの [Chapter8] の中から [ステータス.mogrt] を読み込みます。

② テンプレートを編集画面に挿入する

<u>読み込んだテンプレート［ステータス］</u>❶は
［エッセンシャルグラフィックス］パネルから検
索して使用できます。

他のテンプレート同様にタイムラインに配置することで、［エッセンシャルグラフィックス］パネル
❷から各項目を編集することができます。

ここでは人物の切り替えごとにグラフィックテ
ンプレートの<u>クリップ</u>❸をカットしておき、そ
れぞれ<u>テキスト</u>❹を自由に変更していきます。
また、先頭のクリップの登場時のトランジショ
ンとして ⌘（ctrl）＋ D キーでデフォルトで
設定している［クロスディゾルブ］❺を適用し
ておきます。

📎 Brigthess & Contrast

光るボタンを作る

検索ボタンや画面タップなどにも使える光るボタンの演出を作っていきます。グラフィックの作り方と編集をマスターすると Premiere Pro だけでも簡単なアニメーションを作ることができます。

▶ Chapter8.mp4 ⏱ [00:00:12] - [00:09:26]

❶ 長方形ツールでボックスを作る

長方形ツール❶で画面右下に長方形のグラフィックを作成します。

グラフィックスを選択した状態で、[エッセンシャルグラフィックス] パネル→ [整列と変形]→ ▢[角丸の半径: 50.0] ❷に上げることで長方形の角❸を丸くします。

❷ 境界線とシャドウを作る

[境界線] を [塗り：#FFFF00] ❶ に設定します。さらに➕[このレイヤーにストロークを追加] ❷で、長方形の外側に新たな境界線❸を加えます。ここでは [塗り：#FFB000]、[境界線の幅：14.0] ❹にして太めに設定します。さらに [シャドウ] ❺にもチェックを入れ、ボタンのような立体感を出します。

色の選び方のヒント

色の組み合わせは、ときに多くの時間を費やして考えるべき作業工程です。どの色を組み合わせて良いかわからない場合は Adobe Color を利用しましょう。Adobe Color のアクセシビリティツール (https://color.adobe.com/create/color-contrast-analyzer) にはテキストやグラフィックが表示されたときの見やすさを判定してくれる機能があります。

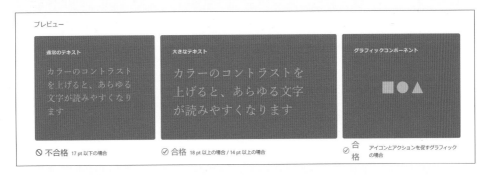

③ テキストとボタンの位置を調整

作成したシェイプの上に 🅣[横書き文字ツール] ❶ で [ゲーム開始] ❷ とテキストを記入します。

[エッセンシャルグラフィックス] パネルでテキストとシェイプのレイヤー ❸ を選択した状態で [整列と変形] → 🔳[水平方向に中央揃え] ❹、🔳[垂直方向に中央揃え] ❺ をクリックして適用し、テキストとシェイプを中央に揃えます。[フォントサイズ] を調整し、中央で綺麗に重ねたボタンを最終的に配置したい右下に移動 ❻ します。

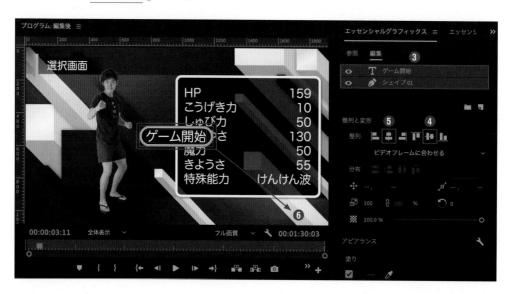

One Point

バージョンに注意

- -

Premiere Pro はこまめなアップデートが行われており、本書籍はバージョン 23.10 の条件をもとに執筆しています。バージョンが変わるとエフェクトなどの名前や分類、仕様が変わることがあるので注意が必要です。

④ ボタンを光らせる

ボタンを光らせることで、決定の操作が行われた様子を再現します。

ボタンを光らせたい区間をカットしてクリップ❶にします。光らせたい区間のクリップに［エフェクト］パネル→［カラー補正］→［Brigthess & Contrast］❷を検索してダブルクリックで適用します。［エフェクトコントロール］パネル→［Brigthess & Contrast］→［明るさ：100.0］❸に上げることで、ボタンを光らせることができます。

⑤ ボタンを画面右から登場させる

作成したボタンのクリップの先頭に、［エフェクト］パネル→［押し出し］を検索してドラッグ＆ドロップして適用します。エフェクト［押し出し］❶を選択し、［エフェクトコントロール］パネル→［押し出し］→［右から左］❷をクリックすると、作成したボタンが右から左に出現するようになります。

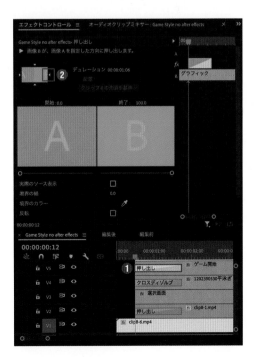

🖉オーディオのピッチを維持　🖉コンスタントゲイン

BGMと効果音の重なりを調整する

オーディオトラックに複数の効果音クリップを配置して、映像に合わせて調整を行っていきます。タイミングよく効果音を鳴らすために、クリップの波形を確認して配置しましょう。

▶ Chapter8.mp4　⏱[00:00:00] - [00:12:24]

1　トラックにオーディオを配置する

A1トラックにBGMとなるオーディオクリップ [Game of venom.mp3] ❶を配置します。さらにその下のA2に効果音となるオーディオクリップ [select.mp3] ❷を配置していきます。今回はクリップの切れ目となっている、人物の切り替わりとボタンを押すタイミングに効果音を配置しています。複数の音声クリップを重ねる際にはお互いの音量に注意しながら配置します。

② 効果音の速さとピッチを変える

効果音のクリップ［select.mp3］❶を選択して、右クリックから［速度・デュレーション］❷をクリックします。

［クリップ速度・デュレーション］ダイアログ❸が表示されるので、［速度：300%］❹として［OK］❺をクリックします。速度を上げるとピッチ（音の高さ）が高くなります。ピッチの高さを変えたくない場合は［オーディオのピッチを維持］にチェックを入れます。
波形の頂点をクリップの境にあわせて、残りの部分にも同様に配置します。

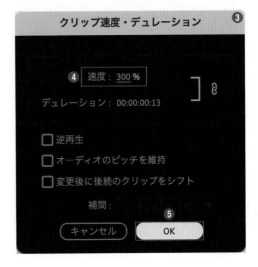

③ ボリュームを徐々に小さくする

映像クリップが次のシーンに切り替わるタイミングに合わせて、オーディオクリップ［Game of venom.mp3］❶をカット編集で短くしておきます。［エフェクト］パネル→［コンスタントゲイン］❷を検索して、クリップの後端にドラッグ＆ドロップ❸で適用すると、徐々に音量が小さくなり最終的に無音にすることができます。トランジションの範囲を長くしてゆるやかに音量を下げます。

🖉ブラックビデオ　🖉アイリス(クロス)

ブラックビデオで暗転を作る

ブラックビデオを使って暗転や、黒い背景を作成します。何もしなくても、クリップがない部分は黒く表示されますが、ブラックビデオは他のクリップの上に重ねて使うことができます。

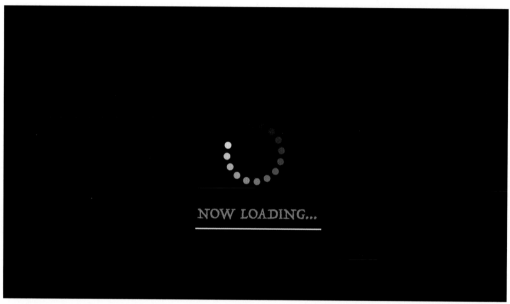

黒い背景はよく使うのでブラックビデオという機能があります。

▶ Chapter8.mp4　⏱ [00:08:23] - [00:13:27]

1 ブラックビデオを作成する

場面転換の表現として、ゲームのLoading画面を作っていきます。

🖱[新規項目] → [ブラックビデオ] ❶をクリックして、表示される [新規ブラックビデオ] ダイアログ❷でデフォルトの設定のまま [OK] ❸をクリックします。

[プロジェクト] パネルから、場面転換させる場所に [ブラックビデオ] ❹を配置します。After Effectsなどで準備した素材は、作成時に背景を設定していない場合は透明の状態なので、Premiere Proでタイムラインに配置すると下層のトラックの様子が背景として表示されます。ここではブラックビデオを配置して黒い背景を準備しておきます。

② アイリス（クロス）でブラックアウトを作る

ブラックビデオはクリップの上に配置することで使う方法もあります。映像をブラックアウトさせたい部分にブラックビデオ❶を配置します。

[エフェクト] パネル→ [アイリス（クロス）] ❷を検索してドラッグ＆ドロップ❸で適用することで、前のクリップの映像からブラックビデオへ❹のトランジションになります。

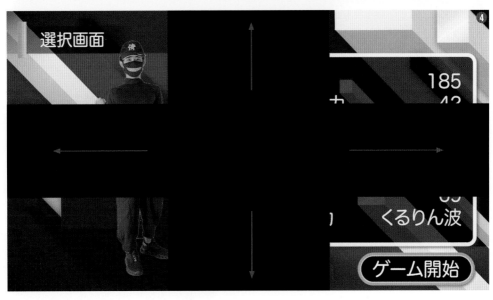

🖉 .aepファイル 🖉 .aiファイル 🖉 .psdファイル

Adobeソフトで作成した素材を利用する

同じAdobeのソフトAfter Effects 、Illustrator、Photoshopで作成したファイルをPremiere Proに読み込むことでPremiere Proだけでは作れない表現を取り入れることができます。

Adobeソフトはそれぞれ得意な領域が異なるので、使い分けるのがおすすめです。

▶ Chapter8.mp4 ⏱ [00:15:20] - [01:10:00]

1 After Effectsファイルを読み込む

メニューバー［ファイル］→［読み込み］から、
After Effectsファイル［Loading.aep］を選択
し、［読み込み］をクリックします。
［After Effectsコンポジションを読み込み］ダ
イアログ❶が開き、コンポジション❷を選択し
［OK］❸をクリックすることでファイルを読み
込むことができます。

② After Effectsファイルにトランジションを適用する

After Effectsファイルも通常のクリップ同様に扱うことができます。ここではクリップ [Loading. aep] ❶をブラックビデオの上に配置し、クリップの両端に [クロスディゾルブ] のトランジション ❷を適用しました。

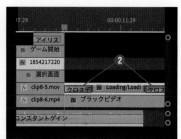

クロスディゾルブによって背景のブラックビデオとあわせて、徐々に画面が暗くなりLoading 画面❸に移り替わる映像ができました。

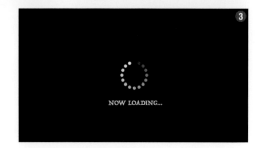

One Point 　**After Effects ファイルの注意点**

After Effects ファイルを Premiere Pro に読み込んで使用するだけであれば Premiere Pro のライセンスのみで使用することができますが、ファイルの修正を行う場合は After Effects もライセンス契約が必要になります。バージョンが異なる場合は After Effects ファイルが使えなくなる場合もあるため、今回は Loading 画面の動画素材も準備しています。うまく使えなかった場合はこちらを利用して下さい。

③ Illustratorファイルを読み込む

Illustratorファイルを Premiere Pro に読み込むことで静止画像と同じように使用することができます。プロジェクトファイルの [読み込み] から、[.ai] の拡張子を持つIllustrator ファイル [stamina.ai] ❶を読み込みます。

One Point 　**Illustrator ファイルの同期**

Illustrator ファイルは通常の画像ファイルと同様に使用することができますが、Illustrator で変更を行うと Premiere Pro でも自動で変更が反映されます。

Chapter 8　素材を生かす

193

4 ゲームの画面を再現する

ここではゲーム画面上のメーターを表現したいので、クリップ [stamina.ai] ❶をクリップ [clip8-8edited.mp4] の上に配置して、[エフェクトコントロール] パネル→ [位置] ❷を調整して画面の左下に移動させます。

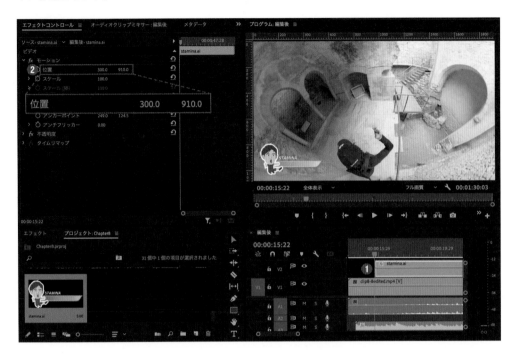

さらに登場時の効果として、[エフェクト] パネル→ [押し出し] ❸を検索して、ドラッグ＆ドロップ❹で適用します。

One Point

レイヤーファイルの読み込み

Photoshop ファイルはレイヤーごとに読み込むことができます。[読み込み：レイヤーを統合] を選択すると、指定したレイヤーのみをまとめて 1 つの画像として読み込みます。一方 [読み込み：個別のレイヤー] を選択すると、指定したレイヤーをそのレイヤー構造を維持したまま読み込むことができます。

5 Photoshopファイルを読み込む

プロジェクトファイルの [読み込み] から、[.psd] の拡張子がつく Photoshop ファイル [Mission. psd] を読み込みます。

表示される [レイヤーファイルの読み込み] ダイアログ❶で、読み込むレイヤーを指定することができます。ここでは全て統合して1つの画像として読み込むので、[読み込み: 全てのレイヤーを統合] ❷を選択して、[OK] ❸をクリックします。

6 メッセージの表示を再現する

ここではメッセージの受信をゲーム中のコメントのように表現したいので、クリップ [Mission.psd] を最上位に配置して、[エフェクトコントロール] パネル→ [モーション] → [位置] ❶を調整して、ミッション表示❷を画面の中央下に移動させます。

さらに登場と退場の効果として、クリップ [Mission.psd] ❸の両端に [クロスディゾルブ] を適用します。

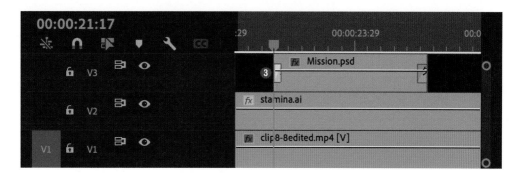

🖉ハイパス　🖉ローパス　🖉カットオフ　🖉逆再生

音声を加工する

カットオフの機能を使って任意の高さの音だけを抽出していきます。ここでは、ハイパスで通常の音声をラジオやトランシーバーを通したような音声にしていきます。

1 ハイパスを適用する

[Mission.psd] ❶を [voice.wav] と同じ長さになるように調整します。[voice.wav] ❷を選択し、[エフェクト] パネル→ [ハイパス] ❸を検索してダブルクリックで適用します。[エフェクトコントロール] パネル→ [ハイパス] → [カットオフ: 500.0 Hz] ❹に設定し、低音を程よく除去します。

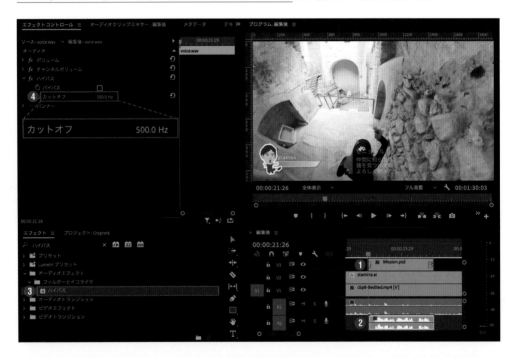

カットオフ

指定した周波数 (Hz) を基準に音をカットします。ハイパスとローパスがあります。

ハイパス

音声の低周波の信号をカットし高周波の信号を通過させます。例) ラジオなどシャカシャカした音。

ローパス

音声の高周波の信号をカットし低周波の信号を通過させます。例) 水中などこもった音。

❷ 効果音を調整する

[voice.wav] の前後に効果音 [Radio.mp3] ❶
を配置し、通信の開始と終了を強調する演出を
作ります。

効果音を配置した際に、思うようなピッチ（音
程）でない場合は当該クリップ❶を選択して、
右クリックから [速度・デュレーション] ❷を
クリックして調整することで解決できることが
あります。

ここでは表示された、[クリップ速度・デュレー
ション] ダイアログ❸で [速度：120%] ❹に変
更し、ピッチ（音程）を高くしました。さらに
メッセージの後ろに配置したクリップには加え
て [逆再生] ❺をオンにして、通信の開始と逆
にすることで通信が切れたことを表現していま
す。[OK] ❻をクリックするとクリップに効果
が適用されます。

> **One Point**

オーディオトラックミキサーで編集する

複数の音声素材を編集する場合、オーディオト
ラックミキサーを使ってトラックごとにまとめ
て編集を行うことができます。その場合には、
声質や収録環境が違うトラックをあらかじめ分
けておくと調整に統一感が生まれます。
[オーディオトラックミキサー] パネルではト
ラックごとに音量やエフェクトを調整できます。
また、パネルの左上部にある ▶ [エフェクトと
センドの表示／非表示] ❶をクリックすると表
示が拡大され、スロットと呼ばれる場所にオー
ディオエフェクトを選択して適用することがで
きます。

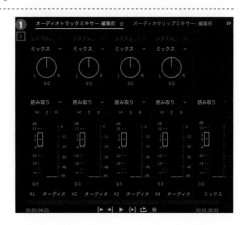

🔗タイムコード 🔗プロパティ 🔗ドロップフレーム

タイムコードを使って時間表示する

画面上に経過時間を表示したい場合はエフェクトのタイムコードを使用します。カウントダウンや時間の表示は視聴者に切迫感を伝えることができます。

▶ Chapter8.mp4 ⏱ [00:00:00] - [00:12:02]

① タイムコードを適用する

時間を表示したいクリップ [clip8-8edited.mp4] ❶を選択し、[エフェクト] パネル→ [タイムコード] ❷を検索してダブルクリックで適用します。[エフェクトコントロール] パネル→ [タイムコード] → [形式: SMPTE] ❸はクリップの規格の種類を表しています。

クリップに対してタイムコードを適用する場合は [タイムコードソース: クリップ] ❹を選択します。クリップの先頭のフレームが基準となるため、クリップの配置変更やカット編集を行ってもクリップの先頭フレームで表示を0秒にあわせてくれます。

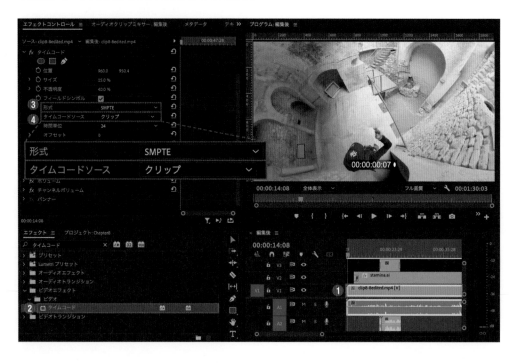

2　フレームレートを合わせる

[タイムコード] → [時間単位] は動画に合わせたフレームレートを指定する必要があります。クリップのフレームレートを調べるためにクリップ [clip8-8edited.mp4] ❶を右クリックから [プロパティ] ❷をクリックして開き、クリップの情報❸を確認します。

ここではフレームレートが29.97だったので [エフェクトコントロール] パネル → [タイムコード] → [時間単位: 30 ドロップフレーム] ❹を選択します。

ドロップフレーム

30フレームの映像をテレビなどのカラー映像で使用する場合、情報量の制約で実際には29.97フレーム分の信号として使われることになります。この誤差に対して修正がかかっているものをドロップフレームと呼びます。よく見かけるものとして59.94fps、29.97fps、23.976fpsなどがありそれぞれ60ドロップフレーム、30ドロップフレーム、24ドロップフレームと呼びます。

3　タイムコードの表示を調整する

タイムコードは通常のテキスト同じように [エフェクトコントロール] パネル → [タイムコード] → [位置]、[サイズ] ❶から表示される位置と大きさを調整することができます。ここでは画面の右上❷に配置します。

余分なシンボル❸が表示されている場合は、[フィールドシンボル] ❹のチェックを外してオフにします。[オフセット] ❺から表示を変更できるので、クリップの最初でカウントが始まるように再生しながら確認して必要があれば調整します。

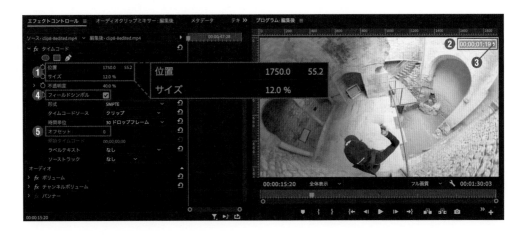

⊙ ループ素材の生かし方

ループ動画は、クリップの最後のフレーム
から、最初のフレームに自然につながる特
徴があります。作例では複製し、そのまま
つなげて配置しています。

⊙ プラグインを使っての編集

GoPro などで撮影した 360°動画の編集は、専用のアプリがある場合は一度編集してから
Premiere Pro に読み込む方が簡単な場合もあります。今回は著者が事前に Premiere Pro に
GoPro のプラグインを導入し、常に進行方向を見せるようにキーフレームを打っています。
プラグインをインストールして編集する場合は、操作がかなり複雑になり、パソコンの機種に
よっては処理が追い付かなくなるので、余裕があればチャレンジしてみて下さい。編集前の
ファイル名は [360.video] です。

⊙ メッセージを出して終わらせる

作例の終わり方として、ミッションを達成した鐘の音が鳴るタイミングにあわせ、[MISSION
COMPLETE] のテキストを作成し、画面の左上に配置しました。グラフィッククリップに対
して [エフェクト] パネルから [VR ライトリーク] でテキストを登場させ、効果音 [Choic.
mp3] の速度デュレーションを 50% とし、遅めの速度に変更して追加しています。最後はお
なじみの [クロスディゾルブ] で徐々に消えていくようにしています。

Chapter 9 Lesson 1 ▶▶ 14

エフェクトで魅せる

この章ではこれまでの応用とエフェクトの組み合わせでミュージックビデオをイメージ
した作例を作ります。作り込み要素が満載です。最後まで手を動かして楽しく身につけ
ましょう。

レベルに合わせてやってみよう！

◉━ はじめて Premiere Pro を使う人

紙面の順番にそって操作を進めていきましょう。難しく感じたところは、[プログラム] パネ
ルから [編集後] のシーケンスを開いて構造を確認してみましょう。

◉━ Premiere Pro を使ったことがある人

紙面を読みながら作例の再現を目指しましょう。テクニックの応用がメインですが、エフェ
クトの調整の程度を変えてみてどのような変化が起こるのか確認しながら進めてみて下さい。

◉━ Premiere Pro の操作に自信がある人

紙面の編集を参考に、オリジナルの調整にチャレンジしましょう。付録の「エフェクト辞典」
を参考にしてお気に入りの表現を作ってみて下さい。

✎ トラックマット

テキストの中に映像を映す

タイトルのテキストの中に映像を表示させます。この作例ではミュージックビデオをイメージしているので冒頭のタイトルを太めの文字とし、その中にタイムラプス映像を映していきます。

▶ Chapter9.mp4　⏱ [00:00:00] - [00:02:10]

❶ 映像クリップを配置する

タイムラインにビデオクリップを配置していきます。

今回はタイムラプスで撮影したクリップ [clip9-1.mp4] ❶を冒頭に使用します。[00:00:01:00] から音楽が始まるようにオーディオクリップ [Sniper Funk.mp3] ❷も配置します。

❷ タイトルを記入する

[clip9-1.mp4] の上に、🅣[横書き文字ツール] ❶でこの動画のタイトルとなる、テキスト [SNIPER FUNK] ❷を作成します。ここで作成した文字の部分に映像を映すため、[エッセンシャルグラフィックス] パネル→ [テキスト] → [フォント: DIN Condenced]、[フォントサイズ:156] ❸、[テキストを中央揃え] ❹、[行間: -70] ❺と文字を目立つようにして2行に分けます。[整列と変形] → 🔳[水平方向に中央揃え] ❻、🔳[垂直方向に中央揃え] ❼をクリックして中央に配置しました。

❸ テキストが拡大するアニメーションをつける

再生ヘッドを [00:01:00] にあわせ、[エフェクトコントロール] パネル→ [ベクトルモーション] →
[スケール: 100.0] → ⏱ [アニメーションのオン] ❶ を入れます。再生ヘッドを少し後ろに移動させ、
テキストが画面からはみ出さないように [スケール: 108.0] 程度 ❷ に上げます。2つ目のキーフレー
ムの位置は、テキストが拡大するスピードを確認しながら間隔を調整します。

❹ トラックマットキーを適用

グラフィッククリップとクリップ [clip9-1.mp4] の長さを揃えます。

クリップ [clip9-1.mp4] を選択し、[エフェクト] パネル→ [トラックマットキー] を検索して、ダブ
ルクリックで適用します。[エフェクトコントロール] パネル→ [トラックマットキー] → [マット:
ビデオ 2] ❶ とし、対象を V2 トラックのグラフィッククリップにします。続けて、[コンポジット用
マット: アルファマット] ❷ に設定すると、もともと透明な部分が黒いマット、テキストがあった部
分が透明となり下層のクリップが表示されるようになります。

トラックマット

別のクリップの輝度やアルファ情報を利用して素材を切り抜く機能です。輝度に応じて切り抜くト
ラックマットをルミナンスマットと呼び、アルファ情報 (不透明度) に応じて切り抜くトラックマット
をアルファマットと呼びます。

スリップツール　　ラベル

クリップを並べるテクニックを知る

タイムラインにクリップを並べる際のちょっとした機能を紹介します。クリップの長さを決めて仮に
配置しておいたプレビズをもとに編集するときに役立ちます。

1 並べた後にタイミングを調整する

音楽に合わせてカット編集を行う場合など、先にクリップの長さが決まっている場合は、インとアウ
トのフレームを後から調整できるスリップツールを使うと効率的です。

[ツール] パネル → ◫[スリップツール] ❶を選択し、タイムラインのクリップ上で左右にドラッグ
❷すると、[プログラム] パネルの画面にクリップのインとアウト❸が表示され、クリップの長さを
保ったまま使用する範囲を調整することができます。

② ラベルで色分けする

タイムラインに多数のクリップを並べると、内容の判別が難しくなってきてしまいます。そこで任意のクリップをまとめて選択し、右クリックから［ラベル］❶でクリップの色を変更することができます。

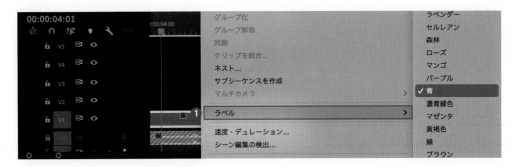

ここでは登場人物ごとにクリップの色を変更❷することで、バランスよく登場させる目安として活用しました。

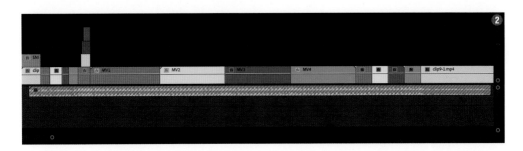

ビデオコンテを準備しよう

複数の場所や人物で撮影を行う場合にはプレビズやビデオコンテなどがあると全体のイメージがわかりやすくなります。今回の作例を準備するにあたって最初にカット割りを考えるためにプレビズを作りましたが、撮影や編集を実際に行っていく中で変更した内容も多数あります。Chapter9の作例の撮影前に作成したシーンの切り替わりを示したビデオコンテもダウンロードファイルに収録しているので確認してみて下さい。

🔗クロップ 🔗押し出し（上下）

クロップで画面分割を作る

複数の映像を同時に画面に表示することでそれぞれの関係性を表し、比較を表現することができます。
ここでは画面を4分割して登場人物を並べることでそれぞれのキャラクターの違いを表現します。

顔を上げるタイミングをきれいに揃えてみましょう。

▶ Chapter9.mp4 ⏱ [00:00:00] - [00:05:20]

① クリップを縦に並べる

タイムラインに表示するクリップ [clip9-6.
mp4]、[clip9-7.mp4]、[clip9-8.mp4]、
[clip9-9.mp4] ❶を段積みに並べます。音楽に
合わせて長さを調整し、V1トラックから順番に
表示されるようにします。

2 クロップのエフェクトを適用

複数のクリップに同じエフェクトを適用する場合は、まとめて選択すると作業の手間が減らせます。タイムライン上をドラッグすると表示される白線の枠❶を同時に選択したいクリップ全てにかかるように広げて、指をはなすと簡単にまとめて選択状態にすることができます。[エフェクト] パネル→[クロップ] ❷を検索して、ダブルクリックで適用します。

3 画面を4分の1ずつクロップする

[クロップ] を使い、4人の登場人物のクリップがそれぞれ画面の25%ずつ表示されるように [左] と[右] の範囲を設定します。まず、[エフェクトコントロール] パネル→[クロップ] →[左] ❶を調整し、左端を顔の中心❷を合わせます。例としてクリップ [clip9-9.mp4] の場合、顔が上がるタイミングだと [左: 57.0%] ❶となるので残り43%の範囲が画面に表示❸されています。

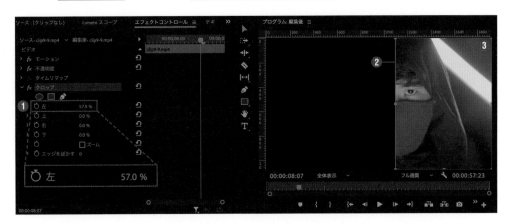

[右: 18.0%] ❹にあわせて、表示される映像の範囲❺を25%分にします。同じ方法で4つのクリップをそれぞれ画面25%分のサイズで短冊状にクロップしておきます。

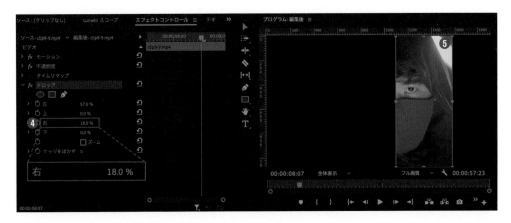

4 クリップを均等に配置する

[エフェクトコントロール] パネル→ [モーション] → [位置] のX軸❶の数値を変更して、上層のクリップ [clip9-9.mp4] から順番に画面左側へ順番に並べます。

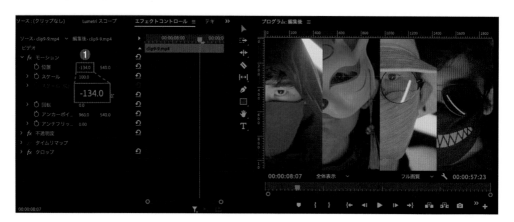

5 スリップツールでタイミングを合わせる

並べたクリップを確認しながら、4人が同じタイミングで顔を上げるように調整します。各クリップを再生し、顔を上げるタイミングでマーカー❶を打っておきます。[スリップツール] ❷をクリックし、クリップ上でドラッグしてマーカーの位置を目印に調整します。ここではリズムが変わる開始から8秒付近を目安に4人の動きをあわせました。

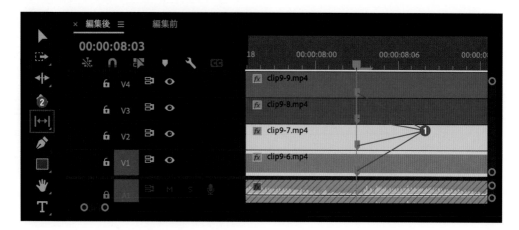

6 押し出しで退場のトランジションを作る

並べた4人のクリップの後ろから5フレーム分程度をカット**①**しておきます。分割したクリップの短い側**②**を選択し、[エフェクト]パネル→[押し出し]**③**を検索して、クリップの最後にドラッグ＆ドロップ**④**で適用します。

[エフェクトコントロール]パネル→[押し出し]→[上から下]**⑤**もしくは[下から上]**⑥**をクリックすることで、クリップが上下に押し出されてフレームアウトするようになります。

4つの映像クリップを上下交互にフレームアウト**⑦**するように設定し、トラックV1を空けるようにクリップの配置**⑧**を変更すればトランジションの完成です。

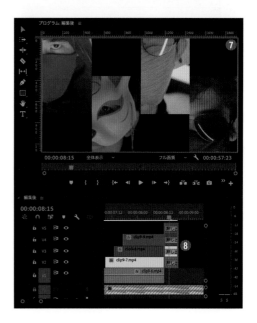

🖋 ペンツール　🖋 ラフエッジ　🖋 円　🖋 ミラー

手描き線アニメーションを作る

映像内の動きに合わせて手描き風の線を追加してポップな印象を付け加えます。ここでは1本の線を描くアニメーションと、線が爆発するように広がるアニメーションを作ります。

❶ 動きにあわせて画面に線を描く

構造が複雑になると必要なトラック数が増えて管理しにくくなるので、あらかじめクリップ [clip9-10.mp4] ❶を選択して、右クリックからネスト❷をクリックし、ネスト [MV1] と名前を付けます。作成したネストをタイムラインで開いて編集していきます。また、[ワークスペース] → [キャプションとグラフィック] に変更しておくと作業がスムーズに行えます。

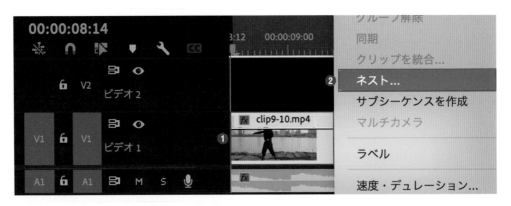

🖋[ペンツール] ❸を選択し、[プログラム] モニター上で左手の動きが始まる部分をクリックしてアンカーポイント❹を打ちます。→キーでコマ送りしながらフレームを進め、動きの終わる部分で再びクリックして2つ目のアンカーポイント❺を打つと、その2点間に線❻が現れるので2つ目のアンカーポイントをクリックしたままドラッグ❼してベジェ曲線に変更し、左手の動きを描きます。

② アピアランスから線幅を変える

［エッセンシャルグラフィックス］パネル→［アピアランス］→［境界線］**①**にチェックを入れ、［境界線の幅: 15.0］**②**に上げて、［中央］**③**を選択することでベジェ曲線を中心とした線を描きます。

③ 線の端を丸くする

これだけだと無機質な印象が強いので、まずは角を取ります。
［エッセンシャルグラフィックス］→［アピアランス］→🔧［グラフィックプロパティ］**①**をクリックします。

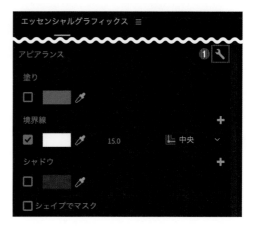

［グラフィックプロパティ］ダイアログ**②**で、［線端: 丸型線端］**③**を選択し、［OK］**④**をクリックして線の端を丸くします。

4 線を手描き風にする

作成した線にランダムな凹凸を加えて手描きの
ような形にします。
グラフィッククリップを選択した状態で、[エ
フェクト]パネル→[ラフエッジ]❶を検索し、
ダブルクリックで適用します。

[エフェクトコントロール]パネル→[ラフエッジ]→[縁: 8.00]程度❷として、チョークやブラシ
で描いたような擦れ具合を表現しました。

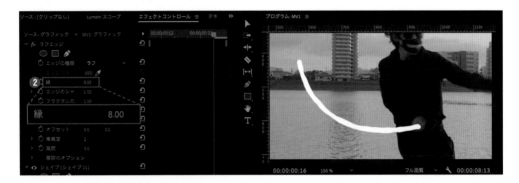

5 円のエフェクトを適用する

続けて[エフェクト]パネル→[円]❶を検索し、
ダブルクリックで適用します。

[エフェクトコントロール]パネル→[円]→[描
画モード: ステンシルアルファ]❷を選択する
ことで、円が重なった部分の線❸のみが表示さ
れるようになります。

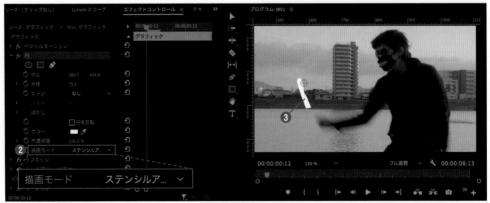

6　線描画のアニメーションを作る

［エフェクトコントロール］パネル→［円］❶の項目をクリックすると、［プログラム］モニターに青い
円の中心❷が表示されます。

［中心］→ ◻[アニメーションのオン]❸でキーフレームを打ち、コマ送りをしながら円が線をなぞっ
て左上から右下に動くように［中心］❹を調整していくつかのキーフレームを打ちます。

線が左上から現れて右下へと消えていくアニメーションができました。

⑦ 線のアニメーションを複製する

グラフィッククリップを option (alt) キーを押
しながら上のトラックにドラッグ❶して複製し
ます。

今回は右手も似た動きをしているため、複製し
たクリップの［エフェクトコントロール］パネル
→［モーション］→［スケール］、［回転］、［位
置］❷を調整することで、線描画アニメーションを右手側でも使うことができます。

⑧ 複数の線を追加する

線を描いた後に別の場所に線を追加する場合は、
［エッセンシャルグラフィックス］パネル→［編
集］の空いているスペース❶を一度クリックす
るなどの方法でレイヤーの選択を解除❷してか
ら、再び［プログラム］モニターをクリックする
ことで別のレイヤーが作成され複数の線を描く
ことができます。

今後はステップに合わせて左足に3本の直線❸
を作成します。ここでは線の形状をあわせるた
めに手の動きの線と同様に［ラフエッジ］❹を
適用しています。

⑨　円の半径を広げる

足の部分の3本線も［円］→［中心］のアニメーションと［描画モード：ステンシルアルファ］を使って人物の動きに合わせて効果をつけます。今回は［エフェクトコントロール］パネル→［円］→［中心］❶を調整して、人物の足元に中心❷を移動し、［半径：200.0］❸として、作成した3本線を1つの円で全て覆うことができる大きさにします。

［中心］→ ⏱［アニメーションをオン］❸をクリックし、手の動きと同様に線を追いかけるように円を動かすアニメーションを作ります。最後に［描画モード：ステンシルアルファ］❹に変更して、3本線が広がるアニメーションの完成です。

⑩　爆発アニメーションを作る

3本線が広がるグラフィッククリップを複製し、人物が手をたたいているフレームに配置して、［エフェクト］パネル→［ミラー］を検索してダブルクリックで適用します。

［エフェクトコントロール］パネル→［ミラー］❶をクリックして、［プロジェクト］モニターに反射の中心❷を表示させます。［反射の中心］❷を3本の線の根本に移動させることで、［反射の中心］から鏡状に反射して6本線が広がるアニメーションになります。さらに［ベクトルモーション］→［位置］、［回転］を変更し、手の周りにアニメーションを移動して完成です。

✏️ エコー

エコーで残像を作る

映像内の動きをいくつも複製して残像を作り出す、エコーのエフェクトを使っていきます。設定を誤ると、何を映しているのか分からなくなってしまうので注意が必要です。

エコーの設定を理解すると、表現の幅が大きく広がります。

▶ Chapter9.mp4 ⏱ [00:12:23] - [00:14:13]

① 残像を作る区間を決める

残像のエフェクトを作り出したい範囲を決めてカットして複製❶します。ここでは両手でウェーブを作っている約1秒の範囲にしました。

② エコーを適用する

コピーして上のトラックに配置したクリップに対し、[エフェクト] パネル→ [エコー] を検索してダブルクリックで適用します。[エフェクトコントロール] パネル→ [エコー] → [エコー演算子] でエコーを合成する方法を選ぶことができます。ここでは [エコー演算子: 最小] ①に設定しておきます。

③ エコー時間と数を設定

続けて [エコー時間 (秒)] と [エコーの数] で複製の条件設定をします。ここでは [エコー時間 (秒): -0.100] ①に設定し、-0.1 秒遅れて同じ動きを行うように指定します。[エコーの数] では複製を何回繰り返すかを指定できます。ここでは [エコーの数: 3] ②に設定して残像を 3 つ作成します。

④ ぼんやりとした残像にする

さらに [減衰] でエコー残像の不透明度を調整します。[減衰: 1.00] は不透明度 100% の状態です。ここでは [減衰: 0.80] ①として、エコー 1 回あたり不透明度が 1 つ前の像の 80% になるように設定します。

さらに [クロスディゾルブ] などのトランジションをクリップの先頭に適用することで、ゆっくりと残像が出現するようになります。

🖇 ブラー（方向）　🖇 インからアウトをレンダリング　🖇 レンダリングファイルを削除

画面に衝撃を加える

足踏みやパンチ、着地などに勢いを加えるために画面に衝撃を加えていきます。リズムに合わせて使うこともできます。

カメラを動かさなくても、編集で画面に衝撃を作ります。

▶ Chapter9.mp4　⏱ [00:00:00] - [00:05:20]

1　衝撃を加える範囲を切り出す

手拍子や足踏みなどの画面に衝撃を加えたい動きの部分を2フレーム分の長さで複数カットします。カットしたクリップ❶を全て選択しV2トラックに移動します。これから編集していく部分のクリップをV2に移動することで、ドラッグでの一括選択❷が簡単になります。

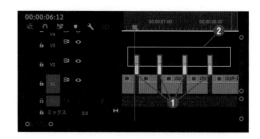

❷ 画面を拡大させる

カットした最初のクリップを選択し、［エフェクトコントロール］パネル→［モーション］→［スケール：105.0］❶に上げます。変化を与える方法としては画面を拡大させるだけでなく、［位置］、［回転］を調整する方法もあります。ここでの変化が大きいほど、この後の編集で画面へ与える衝撃が強くなります。

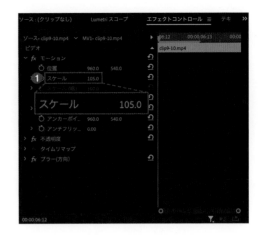

❸ 画面にブレを加える

［エフェクト］パネル→［ブラー（方向）］❶を検索してダブルクリックで適用します。［エフェクトコントロール］パネル→［ブラー（方向）］→［ブラーの長さ：10.0］❷にすることで、画面の縦方向にブラーがかかり画面が揺れているような動きを表現します。

④ エフェクトをペーストする

[エフェクトコントロール] パネルで ⌘ (ctrl) キーを押しながらクリックして、[モーション] と [ブラー (方向)] ❶ をどちらも選択し、⌘ (ctrl) + C キーでコピーします。

V2トラックの2つ目以降のクリップ ❷ をドラッグで全て選択し、⌘ (ctrl) + V キーでペーストすることで、コピーした2つのエフェクトを他のクリップにも同じように適用します。

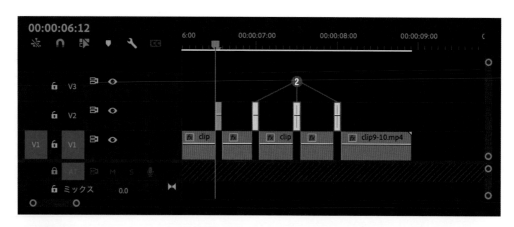

One Point

属性をペースト/削除する

任意のクリップを選択してコピーした後に、他のクリップを選択して右クリックから、[属性をペースト] をクリックするとコピーもとのクリップのエフェクトのみがペーストできます。このとき、複数のエフェクトがペーストされる場合、[属性をペースト] ダイアログが表示され、ペーストするエフェクトを選択することができます。

また、既にエフェクトが適用されているクリップを選択して右クリックから、[属性を削除] をクリックするとエフェクトを選択して削除することができます。

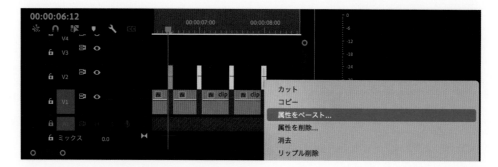

⑤ インからアウトまでをレンダリングする

クリップが複数あると処理に時間がかかるため、
編集が済んだ範囲からレンダリングをしていき
ます。ここまで編集してきたネストのインとア
ウト❶を設定します。

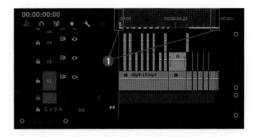

メニューバー［シーケンス］→［インからアウトをレンダリング］❷をクリックし、範囲内のプレ
ビューとエフェクトの両方をレンダリングします。

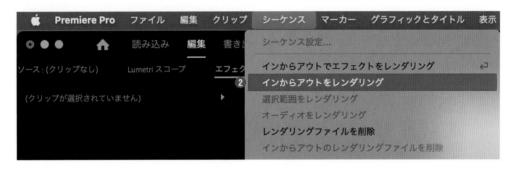

レンダリングが終わるとタイムラインのバー❸
が緑の表示に変わり、プレビューの再生がス
ムーズになります。

レンダリングしたものはパソコンのディスク内に残るため、不要になればメニューバー［シーケンス］
→［レンダリングファイルを削除］❹でまとめて削除します。

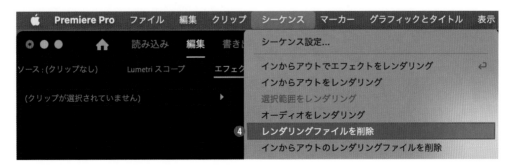

Lesson

7

人物を切り抜いて効果をつける

クリップ内の人物を切り抜く編集はいくつか行ってきましたが、ここではクローンとアニメーション
を組みあわせて、少し変わった映像効果を作っていきます。

▶ Chapter9.mp4 ⏱ [00:17:02] - [00:24:23]

① 同ポジで前のクリップと合わせる

音楽に合わせてクリップ [clip9-10.mp4]（ネスト [MV1]）とクリップ [clip9-11.mp4] の人物が同
ポジで重なるように調整します。上側に重ねたクリップ❶の [エフェクトコントロール] パネル→ [不
透明度] → [不透明度] ❷を下げて、重なり具合を確認しながら、[モーション] ❸の項目で調整しま
す。最後に重ねたクリップの [不透明度] を戻して、V1 トラックに戻してからクリップ [clip9-11.
mp4] をネスト [MV2] にしておきます。

❷　ポーズでカットする

クリップ[clip9-11.mp4]は音楽に合わせてい
くつかポーズを取っていく構造になっているの
で、ネストを開いてポーズが決まったところで
細かくクリップをカット❶します。ここからは
カットしたクリップをコピーしてエフェクトを
追加しながら編集していきます。

❸　フレーム保持オプションで画面を静止させる

ポーズが決まったフレームに再生ヘッドを移動
❶し、複製したV2トラックのクリップを選択
して、右クリックから[フレーム保持オプショ
ン]❷を選択します。

[フレーム保持オプション]ダイアログ❸で、
[保持するフレーム]❹にチェックを入れて[再
生ヘッド]❺を選択し、[OK]❻をクリックし
ます。V2トラックのクリップが再生ヘッドの位
置の静止画像になります。

shift ＋ ← キーを6回押して再生ヘッドを30
フレーム前に移動❼し、そこを新たな先頭とし
てもとの先頭だったフレームで終わるようにク
リップを延長・移動❽します。

One
Point

フレームを書き出しで静止画を作成する

フレームを静止画に変えるフレーム保持オプションとは異なり、プレビュー画面のフレームを画像と
して書き出す方法があります。
[プログラム]モニター→ ◉[フレームを書き出し]をクリックして、[フレームを書き出し]ダイアロ
グを表示します。[形式]を選択して画像を書き出し、サムネイルなどに使用することができます。ま
た、[プロジェクトに読み込む]にチェックを入れるとPremiere Proのプロジェクト内に書き出され
るので、そのままタイムラインに配置して使用することができます。

④ カラーキーで色を抜く

静止画にしたクリップを選択し、[エフェクト] パネル→ [カラーキー] を検索してダブルクリックで適用します。[エフェクトコントロール] パネル→ [カラーキー] → [キーカラー] → 🖉[スポイト] ❶をクリックして色を抜きたい空の部分でクリックします。[カラー許容量: 15] 程度❷に上げることで、空の色を抜くことができます。ここではわかりやすいようにV1トラックを非表示にしています。

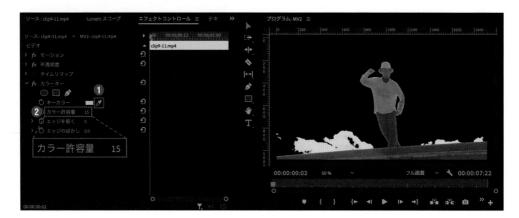

⑤ 人物を切り抜く

人物のみを切り抜きます。[エフェクトコントロール] パネル→ [不透明度] → 🖉[ベジェのペンマスクの作成] ❶でマスクを切ります。

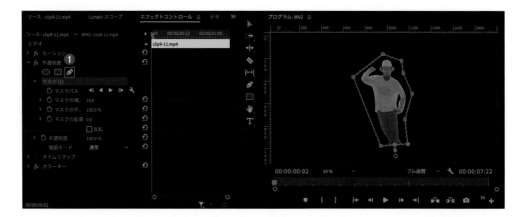

⑥ 静止画の人物を流れて登場させる

静止画のクリップを選択し、最終フレームで ［エフェクトコントロール］パネル→［モーション］→
［位置］→ ⌚［アニメーションのオン］❶をクリックしてキーフレームを打ちます。

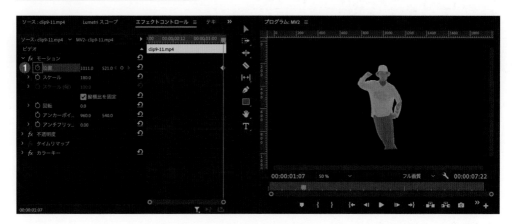

今度は最初のフレームで ［位置］❷を調整し、左側の画面外に見切れるように移動してキーフレーム
を打ち、アニメーションを作ります。

画面の左外から静止画が流れてきて、ポーズをとるところで静止画と動画がシンクロする映像を作る
ことができます。同様の手順で他の場所でも静止画が流れる動きを作っていきましょう。

⑦ 映像内の人物を複製する

今度は映像を静止せずに人物を複製して、［位置］をずらして同じ動きをするクローン人間を複数配
置させます。クローン映像を作りたい範囲を複製して、ここまでと同様に［カラーキー］→［キーカ
ラー］と［不透明度］→ [ベジェのペンマスクの作成] を使って人物のみを切り抜き❶ます。

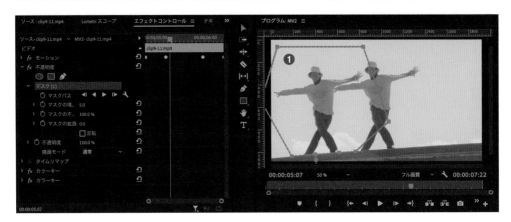

もとのクリップの人物との位置関係を見ながら、複製したクリップの［エフェクトコントロール］パ
ネル→［モーション］→［位置］❷を調整して複数の人物を配置します。

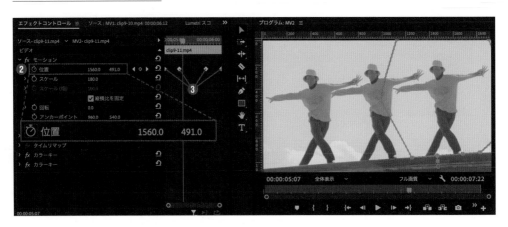

ここでは複製したクリップの［モーション］→［位置］のキーフレーム❸を複数打って、横に分身し
て再集合するアニメーションを作りました。

⑧ 人物の後ろにグラフィックを配置する

複製したクリップの人物のみを切り抜き、もとの動画クリップの間にグラフィッククリップを挟むことで人物の後ろにグラフィックを登場させます。複製したクリップを最後のポーズのフレームで静止画にしてこれまでと同じ方法で切り抜き①、1つ上のトラックに移動させておきます。

Ｔ[横書き文字ツール]②でテキスト[シャキーン！]③を作成し、人物を切り抜いたクリップともとのクリップとの間に配置④します。

ここではテキスト[シャキーン！]が目立つように、[エッセンシャルグラフィック]パネル→[テキスト]→[フォント：ヒラギノ角ゴ StdN W8]、[フォントサイズ：256]①としてから、[整列と変形]②を調整して映像にあわせて迫力のある大きさに仕上げました。

227

8

🖉 フェード　🖉 シャープ　🖉 自然な彩度　🖉 ビネット　🖉 ブラー(チャンネル)
🖉 アンシャープマスク　🖉 ノイズ

古いフィルム風の色合いを再現する

映像にノイズを加えて色調整を行うことでVHSや古いフィルムのような印象に仕上げていきます。
複数の項目があるのでそれぞれどのような効果になるのか確認していきましょう。

キーイングについては章末のBackyardを確認して下さい。

▶ Chapter9.mp4　⏱ [00:25:00] - [00:32:22]

① 調整レイヤーを作成する

BGMにコーラスが加わるところに合わせて、タ
イムラインに街の背景映像クリップ [clip9-13.
mp4] ❶ とその上のトラックに事前にクロマ
キー処理をした人物のクリップ [clip9-12.
mp4] ❷ を配置します。さらにその上のトラッ
クに同じ長さの調整レイヤー ❸ を作成してまと
めてネストにします。ワークスペースを [カ
ラー] に変更することで [Lumetri カラー] パネ
ルを表示し、色の編集を行う準備を整えます。

② クリエイティブで調整する

調整レイヤーを選択し、［Lumetriカラー］パネル→［クリエイティブ］→［調整］→［フェード：50.0］❶に上げることで映像に淡い印象を加えます。［シャープ］は数値を上げると映像をくっきりと映すことができます。ここでは逆に［シャープ：-70.0］❷に下げてエッジをぼかします。

［自然な彩度］では映像内の彩度の高い部分は変化させず、彩度の低い部分のみを調整することができます。ここでは［自然な彩度：-30.0］❸に下げて、鮮やかな赤以外の部分の彩度を下げます。

③ マゼンタとグリーンを加える

［Lumetriカラー］パネル→［カーブ］→［RGBカーブ］からグリーンのカーブ❶を選択します。カーブの右側は映像内の明るい部分を示しています。グラフの右側を少し持ち上げ❷て、画面内の明るい部分にグリーンに加えていきます。反対にカーブの左側は映像内の暗い部分を示しています。グラフの左側を少し下げる❸とマゼンタが画面内の暗い部分に加わります。マゼンタとグリーンのフィルターをかけたようになりました。

4 画面の周辺を暗くする

[ビネット] を使うと画面の縁周りの明るさを調整できます。ここでは [Lumetri カラー] パネル→ [ビネット] → [適用量: -1.0] ❶に下げて画面の縁周りを暗くします。

5 画面内にグリッチを加える

調整レイヤーを選択し、[エフェクト] パネル→ [ブラー (チャンネル)] を検索してダブルクリックで適用します。[エフェクトコントロール] パネル→ [ブラー (チャンネル)] → [赤ブラー: 15.0] ❶に設定します。画面を拡大すると映像のエッジの部分に赤いグリッチのようなブレ❷が加わっているのが確認できます。

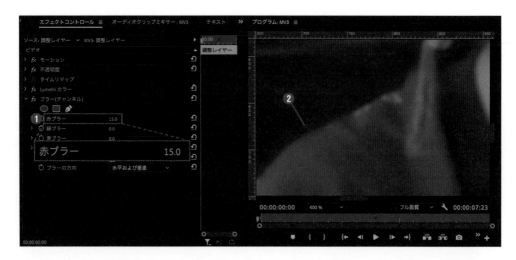

6 一部のコントラストだけを高める

［アンシャープマスク］はコントラストを高めて映像の輪郭をくっきりと強調させることができます。
また、［フェード］などでぼかしてから適用することで古びた映像のような印象になります。
調整レイヤーを選択し、［エフェクト］パネル→［アンシャープマスク］を検索してダブルクリックで
適用します。［エフェクトコントロール］パネル→［アンシャープマスク］→［適用量: 100.0］❶、
［半径: 10.0］❷に指定します。

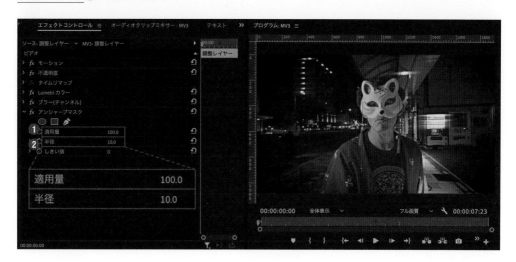

7 ノイズを加える

調整レイヤーを選択し、［エフェクト］パネル→［ノイズ］を検索してダブルクリックで適用します。
デフォルトでは色のついたカラーノイズが指定されています。［エフェクトコントロール］パネル→
［ノイズ］→［ノイズの種類: カラーノイズを使用］❶のチェックを外します。［ノイズ量: 15.0%］❷
に指定することで画面全体にノイズを加えます。
出来上がった映像クリップはレンダリングして終了です。

✏ ブラー（方向）

瞬間移動を作る

ブラー（方向）を使ってアニメのような瞬間移動の能力を作ります。スーパーマンのようなジャンプも同様の手順で効果の方向を変えるだけで作ることができます。

▶ Chapter9.mp4 ⏱ [00:32:23] - [00:40:22]

1 マスクを切る

まずは突如背景だけの映像に人物が出現する様子を作ります。

クリップ［clip9-14.mp4］を選択し、［エフェクトコントロール］パネル→［不透明度］→ 🖊［ベジェのペンマスクを作成］❶をクリックして、人物の周りをマスク❷で切っていきます。今回は固定カメラで撮っているので、キーイングを行わなくても背景にずれが生じにくく、自然に合成できます。

❷ 瞬間的に消えるエフェクトを作る

マスクを切ったクリップを選択して、［エフェクト］パネル→［ブラー（方向）］❶を検索してダブルクリックで適用します。

［エフェクトコントロール］パネル→［ブラー（方向）］→［ブラーの長さ：100.0］❷に上げることで人物に縦のブレを加えます。ブレが綺麗に表現できない場合は［不透明度］→［マスク］→［マスクの境界のぼかし：50.0］程度❸に上げることでブレが背景と馴染むようになります。

クリップをフレーム単位で短くカットして取り除き❹、人物が現れないフレームを作ることで、人影が点滅する瞬間移動を表現できます。クリップ［clip9-14.mp4］の終わりでも同様に作成しています。

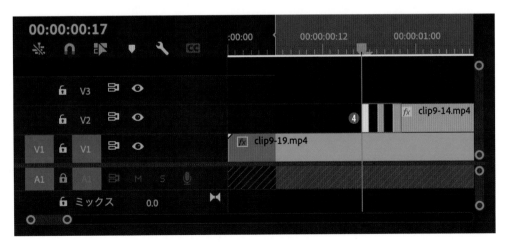

③ 空を飛ぶように見せる

[clip9-15.mp4] の先頭から2フレーム分のところでカット❶します。カットした先頭から2フレーム分のクリップを選択して、[エフェクト] パネル→ [ブラー（方向）] を検索してダブルクリックで適用します。

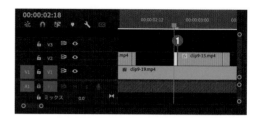

今度は [エフェクトコントロール] パネル→ [ブラー（方向）] → [ブラーの長さ：163.0] 程度❷にしておき、長めの人影を作ります。[モーション] → [位置] のY軸❸をマイナスの値に設定すると、人物の映ったクリップの位置が上へと移動❹してブラーの影だけが画面に残り、瞬間移動のようなジャンプを表現できます。

作例 [00:00:35:10] 〜 [00:00:35:12]

作例 [00:00:34:23] 〜 [00:00:35:01]

④ 高速移動を作る

[clip9-16.mp4] と [clip9-17.mp4] の２つの
クリップでは横方向への高速移動を作ります。
２つのクリップの先頭と末尾から３フレームず
つのところでカット❶しておきます。ここまで
と同様の手順で人物を切り抜いたクリップを選
択して、[エフェクト] パネル→ [ブラー（方向）]
を検索してダブルクリックで適用します。

[エフェクトコントロール] パネル→ [ブラー（方向）] → [方向: 90.0°] ❷に設定することでブレが横
方向に変わります。ここでは [モーション] → [位置] → ⏱[アニメーションのオン] ❸からキーフ
レームを打ち、コマ送りして [位置] のX軸❹の数値を上げて、影の位置が次のフレームで自然につ
ながるように調整します。

画面外からの高速移動による登場が作成できました。退場および [clip9-17.mp4] でも同じ方法で再
現します。

作例 [00:00:36:20] ～ [00:00:37:00]

作例 [00:00:36:07] ～ [00:00:36:09]

🔗 縦ロール

エンドロールを作る

映画やドラマの最後に流れるエンドロールを作成していきます。Premiere Proでは縦ロールの機能を使うことで簡単にテキストを流すことができます。

▶ Chapter9.mp4　⏱ [00:49:00] - [00:57:23]

① テキストを入力する

[キャプションとグラフィック] のワークスペースに切り替え、最後に配置したクリップ [clip9-1.mp4] に **T**[横書き文字ツール] ❶で画面内にエンドロールのテキスト❷を入力していきます。入力したテキストは [エッセンシャルグラフィックス] パネル→ [整列と変形] ❸、[テキスト] ❹の項目を設定し、画面中央に配置します。

また、背景が夜景なので文字が読めるように「ア
ピアランス」→［塗り：#FFFFFF］❺で白に設定
し、［シャドウ］❻をオンにします。

② 縦ロールをオンにする

［エッセンシャルグラフィックス］パネルでレイヤーを選択していない場合に、［レスポンシブデザイ
ン］❶の項目が出現します。［レスポンシブデザイン］→［縦ロール］❷にチェックを入れることでテ
キストが縦に流れるエンドロールになります。また、この画面の［トランスフォーム］❸からサイズ
を変更することで最終的な大きさを決めていくことができます。

簡単な設定だけでエンドロールが完成しました。

🖋 トランスフォーム 🖋 VRデジタルグリッチ 🖋 プリセットの保存

グリッチのトランジションを作る

調整レイヤーとグリッチを使ったトランジションを簡単に作る方法を紹介していきます。調整レイヤーを配置して作成したトランジションは複製して使用や、テンプレートとして保存ができます。

テンプレートとして保存すると、毎回の調整作業を減らすことができます。

▶ Chapter9.mp4 ⏱[00:16:16] - [00:17:11]

❶ 調整レイヤーを配置する

調整レイヤー❶を映像クリップの切り替わりの境に配置します。クリップの境に再生ヘッドを合わせ、 shift + ← キーを2回押して、前に10フレーム分移動した先を調整レイヤーの始まり❷とし、再び境に戻って shift + → キーを2回押して、後ろに10フレーム移動したフレームを調整レイヤーの終わり❸になるように長さを調整します。

② トランスフォームを適用する

調整レイヤーを選択し、[エフェクト]パネル→
[トランスフォーム] ❶を検索してダブルクリッ
クで適用します。

[エフェクトコントロール]パネル→[トランス
フォーム]→[スケール：100.0]のキーフレー
ム❷をクリップの境の前後に打ちます。クリッ
プの境では[スケール：110.0]のキーフレーム
❸を打って、クリップの切り替わりで拡大する
トランジションができました。

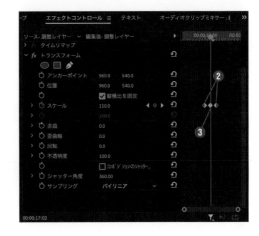

③ VRデジタルグリッチを適用する

調整レイヤーを選択して、[エフェクト]パネル→[VRデジタルグリッチ] ❶を検索してダブルクリッ
クで適用します。調整レイヤーの配置されている範囲にグリッチとノイズ❷が加わります。

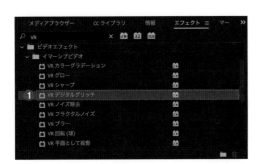

4 マスター振幅のキーフレームを打つ

再生ヘッドはクリップの境にあわせた状態で、
[エフェクトコントロール] パネル→ [VR デジタ
ルグリッチ] → [マスター振幅: 0.0] → 🎬 [アニ
メーションのオン] ❶でキーフレームを打ちま
す。作成したキーフレームをドラッグして調整
レイヤーのクリップの最初と最後のフレームに
それぞれ移動❷します。

クリップの境で [マスター振幅: 100.0] ❸のキーフレームを打つことで、切り替わりにかけてグリッ
チノイズがかかるトランジションができました。

5 グリッチのゆがみを変える

[VR デジタルグリッチ] → [ゆがみ] ❶を展開すると細かい調整を行うことができます。ここでは [ゆが
みの複雑度: 20.0] ❷にして簡易的なグリッチにします。特に [カラーのゆがみ] や [ゆがみ率] を変更
すると大きく見た目を変化させることができます。図を参考に各数値を変えて調整してみましょう。

⑥ テンプレートとして保存する

作成したエフェクトをテンプレートとして保存し、[エフェクト] パネルから検索して利用できるようにします。ここでは [トランスフォーム] → [スケール] と [VRデジタルグリッチ] で作成してきたエフェクトを1つのテンプレートとして保存します。

[エフェクトコントロール] パネルで保存したいエフェクト① を ⌘ (ctrl) キーを押しながらクリックして、2つとも選択し、右クリックから [プリセットの保存] ② を選択します。

[プリセットの保存] ダイアログ③ で [名前: グリッチ＆スケール] ④ とし、適用時にクリップの先頭を基準にキーフレームを配置するように [種類: インポイント基準] ⑤ を選択し、[OK] ⑥ をクリックして保存します。

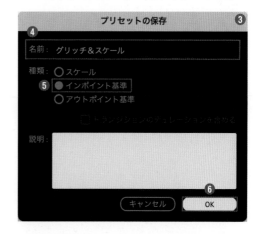

保存したプリセット⑦ は [エフェクト] パネルの [プリセット] の中から確認することができます。エフェクトのテンプレート化が完了です。

Lesson 12

ズームのトランジションを作る

映像を勢いよく拡大して次のシーンに切り替わるトランジションを作っていきます。ここでは複製の
エフェクトで画面に余白が生まれないようにしています。

▶ Chapter9.mp4 ⏱ [00:24:19] - [00:25:05]

① 複製のエフェクトを適用

クリップの切り替わりを境に10フレーム分の範囲で調整レイヤー**①**を配置します。[エフェクト] パ
ネル→ [複製] **②**を検索してダブルクリックで適用します。

[エフェクトコントロール] パネル→ [複製] → [カウント：3] **③**に設定すると、映像クリップが縦横
3×3に複製されます。

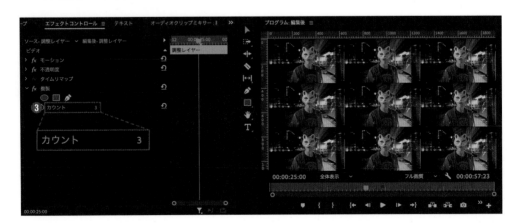

② トランスフォームでスケールする

調整レイヤーを選択して、[エフェクト]パネル→[トランスフォーム]を検索してダブルクリックで適用します。[エフェクトコントロール]パネル→[トランスフォーム]→◎[アニメーションのオン]①でキーフレームを打ち、調整レイヤーの先頭フレームにキーフレームをドラッグして移動②します。

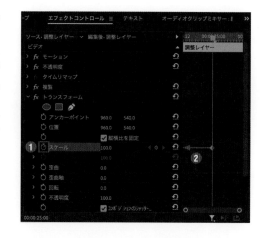

続けて[スケール：300.0]③と拡大してキーフレームを打ち、調整レイヤーの最終フレームにキーフレームをドラッグして移動④します。画面が3倍に拡大され、もとと同じ大きさの画面が表示されるようになります。

③ 勢いをつけたズームにする

調整レイヤーに設定した[スケール]の最終フレームのキーフレーム①に対して右クリックから[イーズイン]、先頭フレームのキーフレーム②に対して右クリックから[イーズアウト]を適用します。続けて[コンポジションのシャッター角度を使用]③のチェックを外して[シャッター角度：360.00]④に設定することで、画面内にブラーができ勢いが生まれます。

❹ 中央に勢いを集中させる

次に［スケール］❶を展開して値と速度のグラフを開きます。キーフレームをクリックして先頭フレームと最終フレーム2つのキーフレームのハンドル❷を表示させます。両側からハンドルをドラッグして速度グラフの頂点を中央に合わせます。勢いが最大になったところで映像が切り替わる設定ができました。

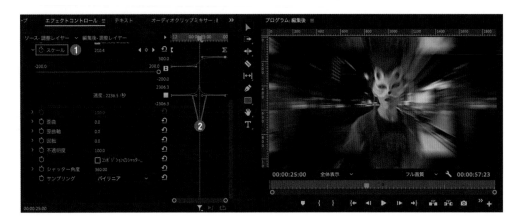

❺ 調整レイヤーを分けてエフェクトを削除する

調整レイヤーより下のクリップには一律でエフェクトの影響があるため、エフェクトを使い分けたいときは調整レイヤーをクリップの境でカット❶します。

カットした後に前側の調整レイヤーの［エフェクトコントロール］パネルで［複製］❷のエフェクトを削除しておきます。前側の調整レイヤーのエフェクトは、次のシーンに向かってズーム❸されるだけになります。

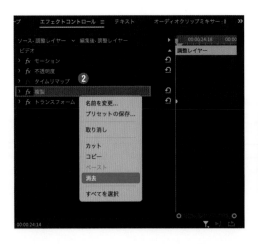

⑥ 複製の境を整える

［複製］を行うと複製間の境が目立ってしまうので、後側の調達レイヤーを選択し、［エフェクト］パネル→［ミラー］❶を検索してダブルクリックで適用することで、エッジをそれぞれ反転させて境を隠します。

［ミラー］は［トランスフォーム］の上に4つ適用しておき、上下左右の四方向から反射させます。［トランスフォーム］の適用をオフ❷にした状態で、［ミラー］→［反射角度］❸を90°ずつ回転させながら［反射の中心］❹を調整して中央のコマ❺に対して反射させます。調整が完了したら［トランスフォーム］の適用をオンに戻して完成です。

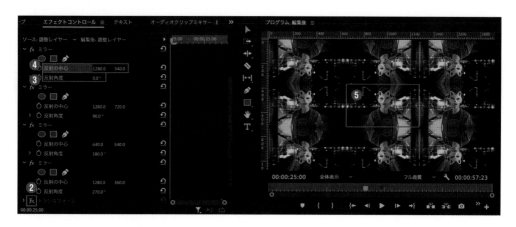

One Point

プリセットの書き出しと読み込み

ミラーなどを毎回適用するのは手間がかかるので、Lesson11の手順でプリセットとして保存しておくとよいでしょう。

さらにプリセットは［書き出し］と［読み込み］ができます。プリセットを書き出す場合はエフェクトに対して右クリックから［プリセットを書き出し］をクリックします。

また、プリセットを読み込む場合はビンに対して右クリックから［プリセットを読み込み］をクリックして、［.prfpset］拡張子のファイルを読み込むことでエフェクトを追加することができます。本書籍の特典として［複製＆ミラー］のプリセットを収録しています。活用してみて下さい。

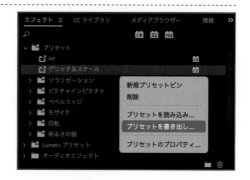

Lesson
13

🔗 Lens Distortion

伸びるスライドトランジションを作る

横方向にスライドしながら画面を切り替える演出はよく使われていますが、ここではさらに映像が伸びるようにしてスライドさせる方法を紹介します。

▶ Chapter9.mp4　⏱ [00:32:11] - [00:33:06]

① 複製して拡大する

クリップの切り替わりの境に調整レイヤー❶を20フレームの長さで準備します。

Lesson12と同様に［エフェクト］パネル→［複製］と、［トランスフォーム］を検索してそれぞれダブルクリックで適用します。［エフェクトコントロール］パネル→［複製］→［カウント：3］❷、［トランスフォーム］→［スケール：300.0%］❸に設定します。

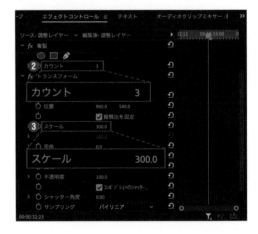

❷　位置にキーフレームを打つ

画面を左から右にスライドさせます。調整レイヤーを選択し、［トランスフォーム］→［位置:
2880.0 540.0］❶→ ⊙［アニメーションのオン］❷をクリックしてキーフレームを打ちます。キー
フレームはクリップの先頭にドラッグで移動❸します。

続いて［トランスフォーム］→［位置: -960.0 540.0］
❹に設定しキーフレームを打ちます。キーフレーム
はクリップの末尾にドラッグで移動❺します。

ここでは［位置］❻を展開し、速度のグラフが中央で最高になるように設定します。また、［コンポ
ジションのシャッター角度を使用］❼のチェックを外し、［シャッター角度: 360.00］❽に設定して
画面に横方向へのブラーの効果を加えます。

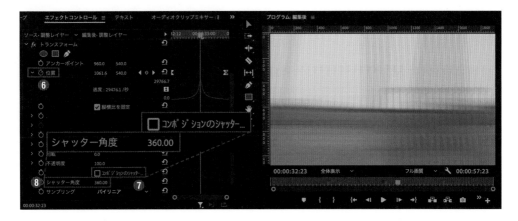

③ Lens Distortionを適用する

調整レイヤーを選択し、[エフェクト]パネル→
[Lens Distortion] ①を検索してダブルクリッ
クで適用し、画面にレンズの独特な歪みの効果
を加えます。ここでは縦軸を基準として画面の
進行方向である横に歪ませていきます。

[エフェクトコントロール]パネル→[Lens
Distortion] →[Vertical Decentering: 0]
→ ⊙[アニメーションのオン]をクリックして
キーフレームを打ちます。先にキーフレームを
2つ②打ち、それぞれ先頭と最終フレームに移
動させます。映像の動きを見ながら2つのキー
フレームの間で映像が伸びるように数値を入力
して3つ目のキーフレームを打ちます。ここで
は[Vertical Decentering: -50.0] ③としまし
た。

先頭と末尾のキーフレーム④を選択し、右クリックから[ベジェ]をクリックして画面が歪む動きを
滑らかにしたら完成です。

One Point

Creative Cloud に保存する

Premiere Pro で編集したデータを Creative Cloud に保存することができます。コンピュータ上の
ファイルが破損した場合のバックアップや、共同作業者とプロジェクトファイルを共有する際に役立
ちます。

Creative Cloud に保存する

メニューバー [Premiere Pro] をクリックして
[環境設定] → [自動保存] を開きます。[環境設
定] ダイアログが開くので、[自動保存] → [バッ
クアッププロジェクトを Creative Cloud に保
存] にチェックを入れて [OK] をクリックすると、
プロジェクトを保存した際に Creative Cloud
にも同時に保存されるようになります。

Creative Cloud のファイルにアクセスする

Creative Cloud の Web サイトにログインし、
Premiere Pro のフォルダを開いてファイルを探
します。ここからダウンロードや共有を行う事
ができます。

ファイルのダウンロードを行う

ファイルのメニューをクリックして、[ダウン
ロード] をクリックすると、バックアップファイ
ルをダウンロードする事ができます。

ファイルの共有を行う

ページの右上の[リンクを取得]をクリックします。
[ファイルへのリンクを共有] ダイアログが表示
されるので、[コメントを許可] や [Creative
Cloud への保存を許可] から設定を調整し、[リ
ンクをコピー] をクリックして共有を行います。
コピーしたリンクを相手に伝えることでファイ
ルを共有することができます。

Lesson
14

📎 レンズフレア

レンズフレアのトランジションを作る

レンズフレアを使って画面をホワイトアウトさせるトランジションを作ります。レンズフレアは不自然さを減らすためにしっかり調整しましょう。

▶ Chapter9.mp4 ⏱ [00:40:18] - [00:41:04]

① 調整レイヤーにレンズフレアを適用する

クリップの切り替わりの境部分に調整レイヤー❶を10フレームの長さで準備します。［エフェクト］パネル→［レンズフレア］❷を検索してダブルクリックで適用すると、画面上にレンズフレア❸が出現します。

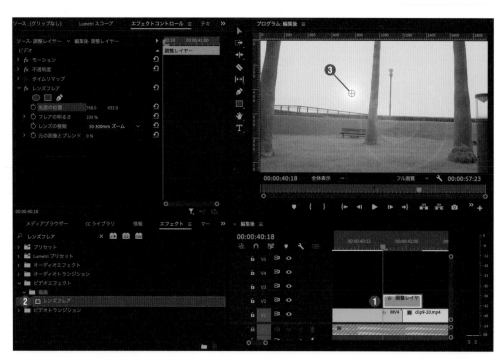

[エフェクトコントロール] パネル→ [レンズフレア] → [光源の位置] ④を変更してレンズフレアの位置を調整します。

② フレアの明るさでホワイトアウトを作る

[フレアの明るさ] から光の強さを決めることができます。まず [フレアの明るさ: 0%] でキーフレームを2つ①打ち、クリップの初めと終わりに移動します。クリップの境で画面が白くなるように、[フレアの明るさ: 250%] 程度②に上げてキーフレームを打ちます。[レンズの種類] を変更すると、光の様子も変わるので比較しながら選択すると表現の幅が広がります。

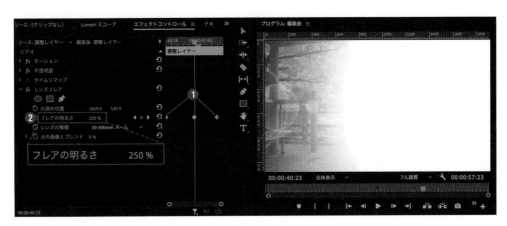

光の明るさが強まり、ホワイトアウトすることで場面転換するトランジションができました。

◎構成の工夫

作例は 4 人グループの MV という設定で作っています。タイトルの後に登場人物それぞれの全身を映し、その後の画面ではテンポよく 4 等分して顔のアップを映してみました。全身などの引きの映像を映す場合は視聴者が情報を把握するのに時間がかかるため長めに映し、音楽のテンポが速くなったところではクローズアップで一気に見せるように工夫しています。

◎ネストの注意点

今回は途中で大きく 4 パートに分けてネスト化していますが、ネスト化した新しいシーケンスにはオーディオクリップが含まれないのでリズムがわからなくなってしまいます。先に音楽にあわせて全体のクリップとマーカーの設置を完了してからネスト化するとよいでしょう。

◎ラベルの色を設定する

クリップのラベルの色は、メニューバーの [Premiere pro] → [環境設定] をクリックし、表示される [環境設定] ダイアログの [ラベル] タブで確認ができます。種類ごとの色の設定を変えるのはもちろん、クリップの表示に使う色をカラーピッカーから選ぶこともできます。

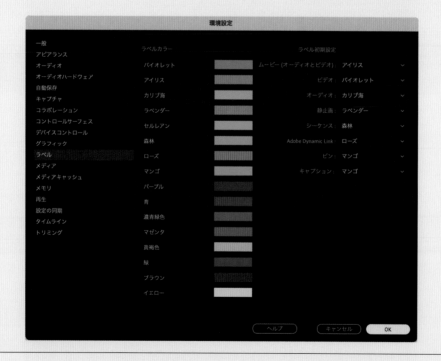

● 複製アニメーションのポイント

人物を自然に複製するポイントは、まずクリップの先頭と末尾に [位置] のキーフレームを入れておくことが重要です。その後、2 つのキーフレームの間に人物が横に移動後のキーフレームを打っていきます。すると、分裂の開始と終了はもとのフレームの位置と完全に一致するので、まるで 1 人の人間が複数に分裂したかのように見せることができます。

● 素材の前処理

Lesson8 では GoPro で撮影したハイパーラプスのクリップ [clip9-13.mp4] に、グリーンスクリーンの前で撮影したクリップ [clip9-12.mp4] を重ねて配置しています。Chapter7 と同様の手順でグリーンスクリーンの緑の背景を切り抜いていきます。作例では [Ultra キー] → [透明度 : 21.0]、[ハイライト : 10.0]、[シャドウ : 50.0]、[許容量 : 50.0]、[ペデスタル : 49.0] の条件で切り抜きました。

クリップ [clip9-12.mp4] はあらかじめ口の動きを 0.5 倍速で撮影しているので、200% の早送りにすることで口の動きがもとの速さに戻ります。ハイパーラプスでも景色が速く動いているので、2 つのクリップが速さをより強調し、勢いのある演出を作り出す事ができます。

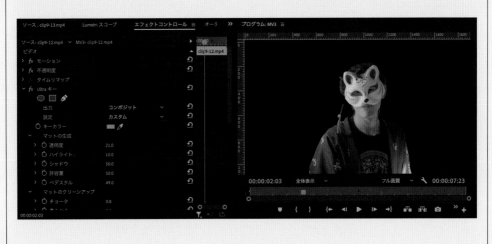

○ エフェクトを重ね合わせるときの注意点

[Lens Distortion] などの映像自体を歪ませるエフェクトを適用する場合は、トランスフォームなどの他のエフェクトを同時に適用していると画面に余白ができることがあります。一度トランジションの動きを作ったら、1フレームずつコマ送りで確認しながらキーフレームのタイミングや、エフェクトの細かい修正をすると良いでしょう。

○ Premiere pro の表示を英語にする

これで本書籍の内容は終わりになりますが、今後も勉強を続けていくなかで日本語以外の記事や動画に触れる機会が増えるでしょう。海外のチュートリアルを参考にする場合は英語で説明されることが多いため、使用するアプリの表示を英語にしてしまうのも学習方法の1つだと筆者は考えています。

言語表示を変更するには、Creative Cloud アプリを立ち上げ、右上のアカウントのアイコンをクリックしてメニューから[環境設定] ❶をクリックします。

[アプリ]タブ→インストール→[初期設定のインストール言語：English (International)] ❷に変更して英語版をダウンロードします。

最後まで楽しんでいただけたようでしたら幸いです。
これからも動画編集をはじめ、様々なことに挑戦を続けて下さい。

ボタンエディター一覧

ボタンエディターで表示を編集できるボタンは以下の通りです。自身の編集スタイルに応じてカスタマイズしてください。

ボタン	機能名	ショートカット	はたらき
	インをマーク	I	再生ヘッドがあるフレームをインとします。
	アウトをマーク	O	再生ヘッドがあるフレームをアウトとします。
	インを消去	option（ctrl + shift）+ I	既にあるインを削除します。
	アウトを消去	option（ctrl + shift）+ O	既にあるアウトを削除します。
	インへ移動	shift + I	インのフレームに再生ヘッドを移動します。
	アウトへ移動	shift + O	アウトのフレームに再生ヘッドを移動します。
	次の編集点へ移動	↓	トラックターゲットを指定しているトラック内のクリップの次に来る編集点に再生ヘッドを移動します。
	前の編集点へ移動	↑	トラックターゲットを指定しているトラック内のクリップの前に来る編集点に再生ヘッドを移動します。
	ビデオをインからアウトへ再生	なし	インからアウトまでの範囲を再生します。
	マーカーを追加	M	再生ヘッドがあるフレームにマーカーを追加します。
	次のマーカーへ移動	shift + M	次のマーカーのフレームに再生ヘッドを移動します。
	前のマーカーへ移動	⌘（ctrl）+ shift + M	前のマーカーのフレームに再生ヘッドを移動します。
	1フレーム前へ戻る	←	再生ヘッドを1フレーム前に移動します。
	1フレーム先へ進む	→	再生ヘッドを1フレーム後ろに移動します。
	再生/停止	space	シーケンスを再生/停止します。
	前後を再生	shift + K	再生ヘッドの位置から前後数秒の範囲を再生します。デフォルトの設定では、再生ヘッドを基準に前側3秒と後ろ側2秒が再生されます。
	ループ再生	なし	オンにしておくと、再生時にシーケンスが繰り返されるようになります。
	インサート	,	[プロジェクト]パネルで選択したクリップを再生ヘッドがあるフレームから挿入します。
	上書き	.	[プロジェクト]パネルで選択したクリップを再生ヘッドがあるフレームから上書きする形で挿入します。
	リフト	;	インとアウトの範囲を切り取ります。
	抽出	:	インとアウトの範囲をリップル削除で切り取ります。
	セーフマージン	なし	プログラムモニター内にセーフマージンの枠を表示します。
	フレームを書き出し	なし	[プログラム]モニターに表示されているフレームを画像として書き出します。
	マルチカメラ記録開始/停止	0	マルチカメラの切り替えの記録を開始/停止します。
	マルチカメラ表示を切り替え	shift + 0	プログラムモニターをマルチカメラ用の表示画面にします。
	トリミングセッションに復帰	なし	トリムモードで移動した編集点を再び元の位置に戻します。
	プロキシの切り替え	なし	プロキシファイルを使用した画面表示に切り替わります。
	VRビデオ表示を切り替え	なし	[プログラム]モニターがVR用の表示画面になります。
	グローバルFXミュート	なし	全てのエフェクトのON/OFFを切り替えます。
	定規を表示	⌘（ctrl）+ R	プログラムモニター上に定規を表示します。
	ガイドを表示	⌘（ctrl）+ ;	プログラムモニター上にグリッドを表示します。
	プログラムモニターをスナップイン	⌘（ctrl）+ shift + ;	クリップを定規やガイドに合わせて配置する際に磁石のように吸着するように移動できます。
	比較表示	なし	プログラムモニターの表示を比較表示に切り替えます。[ショットまたはフレームの比較]をクリックすると補正前後のフレームが並んで表示されるので簡単に比較できます。
	ソースとプログラムモニターの連動	なし	[ソース]モニターと[プログラム]モニターのプレビューが連動します。
	スペースキー	なし	ボタンエディターのボタンアイコン間に配置するとスペースを作ります。編集の機能はありませんが、ボタンの整理に使います。

255

Premiere Rush とは

Adobe Premiere Rush は Premiere Pro よりも簡易的な編集機能に限られますが、モバイル端末とパソコンの両方で使用することができます。もともと Instagram や TikTok、YouTube などの SNSでの配信用動画を編集することを想定して作られているため、モバイルで撮影した動画の編集に適しています。ここでは簡単にモバイル端末版での使い方を紹介します。また、サンプルとしてダウンロードファイルの [Premiere Rush] の中に、Premiere Rush で編集した動画を収録しています。

① アプリをインストールする

モバイル端末の一例として iPad でインストールを行います。App Store で [Premiere Rush] を検索し、[Adobe Premiere Rush] のアプリをインストールします。

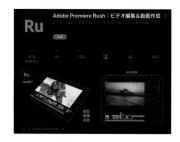

② アカウントにログインする

アプリを起動し、はじめて使用するときは、Adobe アカウントにログインします。

③ プロジェクトを作成する

[＋] をタップすると、新規プロジェクトを作成できます。すでに作成されたプロジェクトを編集する場合は、ホーム画面に一覧が表示されているので、タップして開きます。

④ メディアを追加する

画面の左上の ⊕ をタップすることでメディアを編集画面に追加することができます。まずはメニューから [Your Media] をタップして、撮影した動画をクリップとして配置します。クリップはドラッグ操作で長さや配置を変更できます。

Premiere Rushの特徴として、無料で使用できる音楽や効果音素材が準備されています。作例では [I'm The One You're Looking For] を使用しました。追加したい素材を選択して、[Add] をタップすると、タイムラインに配置されます。

5 カット編集を行う

Premiere Proほどの高度な機能やエフェクトはありませんが、カット編集などの基本的な編集作業を行うことができます。カットしたい部分に再生ヘッドをあわせて、左側のメニューから ⊕ をタップするとクリップをカットすることができます。

6 調整を加える

画面の右側にあるメニューにはクリップに調整を加える機能が揃っています。作例ではトランジションの [Fade] を適用しました。トランジションもクリップと同様にドラッグすることで長さを変更することができます。

7 動画として書き出す

画面の上部にある [Share] をタップして開くと、書き出し準備画面に移ります。
[Quality Setting] でプリセットから書き出し条件を選択し、[Export] をタップすると動画を書き出すことができます。

ショートカット一覧

Premiere pro のショートカットを使う場面別にまとめています。なお、メニューバーの [Premiere pro] → [キーボードショートカット] からショートカットキーの割り当てを変更できます。

全体に関わる操作

操作	Mac	Windows
メディアを書き出し	⌘ + M	ctrl + M
キーボードショートカットを表示	⌘ + option + K	ctrl + alt + K
Premiere pro の終了	⌘ + Q	ctrl + Q

プロジェクトの操作

操作	Mac	Windows
プロジェクトを開く	⌘ + O	ctrl + O
プロジェクトを閉じる	⌘ + shift + W	ctrl + shift + W
新規プロジェクト	⌘ + option + N	ctrl + alt + N
上書き保存	⌘ + S	ctrl + S
別名で保存	⌘ + shift + S	ctrl + shift + S
コピーを保存	⌘ + option + S	ctrl + alt + S
読み込み	⌘ + I	ctrl + I

共通の操作

操作	Mac	Windows
すべてを選択	⌘ + A	ctrl + A
すべてを選択解除	⌘ + shift + A	ctrl + shift + A
取り消し	⌘ + Z	ctrl + Z
やり直し	⌘ + shift + Z	ctrl + shift + Z
カット	⌘ + X	ctrl + X
コピー	⌘ + C	ctrl + C
ペースト	⌘ + V	ctrl + V
属性をペースト	⌘ + option + V	ctrl + alt + V
消去	delete	delete
複製	⌘ + shift + /	ctrl + shift + /
検索	⌘ + F	ctrl + F

新規作成

操作	Mac	Windows
新規シーケンス	⌘ + N	ctrl + N
新規ビン	⌘ + B	ctrl + B

パネル/ウィンドウの表示

操作	Mac	Windows
保存したレイアウトにリセット	option + shift + 0	alt + shift + 0
プロジェクト	shift + 1	shift + 1
ソースモニター	shift + 2	shift + 2
タイムライン	shift + 3	shift + 3
プログラムモニター	shift + 4	shift + 4
エフェクトコントロール	shift + 5	shift + 5
オーディオトラックミキサー	shift + 6	shift + 6
エフェクト	shift + 7	shift + 7
メディアブラウザー	shift + 8	shift + 8
オーディオクリップミキサー	shift + 9	shift + 9
パネルを閉じる	⌘ + W	ctrl + W

クリップの編集

操作	Mac	Windows
リンク	⌘ + L	ctrl + L
グループ	⌘ + G	ctrl + G
グループ解除	⌘ + shift + G	ctrl + shift + G
速度・デュレーション	⌘ + R	ctrl + R

シーケンスの編集

操作	Mac	Windows
編集点を追加（カット）	⌘ + K	ctrl + K
シーケンス内で次へ	C	shift + ;
シーケンス内で前へ	option + ;	ctrl + shift + ;
リップル削除	shift + Delete	shift + Delete
ビデオトランジションを適用	⌘ + D	ctrl + D
オーディオトランジションを適用	⌘ + shift + D	ctrl + shift + D
デフォルトのトランジションを適用	shift + D	shift + D
マッチフレーム	F	F
逆マッチフレーム	shift + R	shift + R

グラフィックの新規作成

操作	Mac	Windows
テキスト	⌘ + T	ctrl + T
長方形	⌘ + option + R	ctrl + alt + R
楕円	⌘ + option + E	ctrl + alt + E

マーカーの編集

操作	Mac	Windows
インをマーク	[I]	[I]
アウトをマーク	[O]	[O]
インへ移動	[shift] + [I]	[shift] + [I]
アウトへ移動	[shift] + [O]	[shift] + [O]
インを消去	[option] + [I]	[ctrl] + [shift] + [I]
アウトを消去	[option] + [O]	[ctrl] + [shift] + [O]
インとアウトを消去	[option] + [X]	[ctrl] + [shift] + [X]
マーカーを追加	[M]	[M]
次のマーカーへ移動	[shift] + [M]	[shift] + [M]
前のマーカーへ移動	[⌘] + [shift] + [M]	[ctrl] + [shift] + [M]
選択したマーカーを消去	[option] + [M]	[ctrl] + [alt] + [M]
すべてのマーカーを消去	[⌘] + [option] + [M]	[ctrl] + [alt] + [shift] + [M]

ツールの切り替え

操作	Mac	Windows
選択ツール	[V]	[V]
トラックの前方選択ツール	[A]	[A]
トラックの後方選択ツール	[shift] + [A]	[shift] + [A]
リップルツール	[B]	[B]
ローリングツール	[N]	[N]
レート調整ツール	[R]	[R]
レーザーツール	[C]	[C]
スリップツール	[Y]	[Y]
スライドツール	[U]	[U]
ペンツール	[P]	[P]
手のひらツール	[H]	[H]
ズームツール	[Z]	[Z]
横書き文字ツール	[T]	[T]

INDEX

記号・欧文

4色グラデーション ……………………………… 169
4点の長方形マスクの作成 ……………………… 163
Adobe Color ……………………………………… 185
Adobe Fonts ……………………………………… 147
Adobe Stock ………………………………… 23, 87
After Effects ファイル ……………………… 192, 193
CMYK ……………………………………………… 130
Creative Cloud ………………………… 26, 27, 249
H.264 ……………………………………………… 69
HSL スライダー …………………………………… 137
HSL セカンダリ …………………………………… 137
Illustrator ファイル ……………………………… 193
Lens Distortion ………………………………… 248
Lumetri スコープパネル ………………………… 129
Media Encoder ………………………………… 45, 69
Photoshop ファイル ……………………………… 195
RGB ……………………………………………… 130
RGB カーブ ………………………………… 132, 133
Ultra キー ………………………………………… 159
VR デジタルグリッチ …………………………… 239
VR ライトリーク ………………………………… 172

和　文

あ行

アイリス（クロス）………………………………… 191
アウトをマーク …………………………………… 48
アスペクト比 ………………………………… 106, 107
アニメーションのオン …………………………… 81
アプリの起動 ……………………………………… 27
アプリの終了 ……………………………………… 28
アルファチャンネル ………………………… 176, 177

アンカーポイント …………………………… 54, 55, 104
アンシャープマスク ……………………………… 231
アンチフリッカー ………………………………… 56
暗転 ……………………………………………… 127
イーズアウト ……………………………………… 113
イーズイン ………………………………………… 113
位置 ……………………………………………… 55
インからアウトをレンダリング ………………… 221
インサート ………………………………………… 156
インをマーク ……………………………………… 48
ウィンドウ …………………………………… 36, 37
上書き保存 ………………………………………… 28
エコー ……………………………………………… 217
エフェクトコントロールパネル ………………… 105
円 ………………………………………………… 212
オーディオトラックミキサー …………………… 197
オーディオのピッチを維持 ……………………… 189
オートリフレームシーケンス ……………… 106, 107
押し出し …………………………………………… 177
オフライン編集 …………………………………… 20
オンライン編集 …………………………………… 20

か行

カーブ …………………………………………… 132
回転 ……………………………………………… 56
ガイド …………………………………………… 93
書き出し …………………………………… 68, 69
カラーキー ……………………………………… 224
カラーの中間点 ………………………………… 86
カラーの分岐点 ………………………………… 86
カラーピッカー ………………………………… 86
カラーマット …………………………………… 80
キーフレーム ………………………………… 63, 97
輝度 ……………………………………………… 129
輝度＆コントラスト …………………………… 187

基本エフェクト ……………………………… 54
逆再生 ……………………………………… 197
ギャップ …………………………………… 53
グラデーション ……………… 86, 178, 179
グラフィックプロパティ ………………… 150
クリップのプロパティ …………………… 199
クリップを同期 …………………………… 144
グレーディングツール …………………… 139
クロップ ………………………… 111, 112
コンスタントゲイン ……………………… 189
コンスタントパワー ……………………… 70
コントロールポイント …………………… 133

さ行

ザブトン …………………………………… 86
シーケンス ………………………………… 34
色相 / 彩度カーブ ……………… 135, 136
自然な彩度 ………………………………… 229
自動文字起こし ………………… 150, 151
シャープ …………………………………… 229
シャドウ …………………………………… 79
定規 ………………………………………… 93
垂直方向に中央揃え ……………………… 186
水平方向に中央揃え ……………………… 77
ズームレベルを選択 ……………………… 98
スケール …………………………………… 55
スケールロック …………………………… 79
スリップツール …………………………… 204
セーフマージン …………………………… 67
ソースモニター …………………………… 47
属性をペースト …………………………… 220
速度・デュレーション ………… 58, 59
速度の接続線 ……………………………… 122
素材サイト ………………… 23, 24, 25
ソロトラック ……………………………… 61

た行

タイムコード ……………………………… 198
タイムラインパネル ……………………… 50

縦書き文字ツール ……………… 154, 155
縦ロール …………………………………… 237
調整レイヤー …………………… 110, 111
長方形ツール ……………………………… 178
ツールパネル ……………………………… 52
テンプレート …………… 84, 85, 174, 175
同一ポジション …………………………… 92
透明グリッド ……………………………… 177
トラックスタイル ………………………… 153
トラックのロック ………………………… 129
トラックマットキー ……………………… 203
トラックをミュート ……………………… 61
トランジション ………………… 64, 65
ドロップフレーム ………………………… 199

な行

ネスト ……………………………………… 94
ノイズ ……………………………………… 231

は行

ハイパス …………………………………… 196
パネル ………………… 36, 37, 38, 39
パラメーターをリセット ………………… 105
ビデオコンテ ……………………………… 205
ビデオトラックを広げる ………………… 116
ビデオのみドラッグ ……………………… 96
ビネット …………………………………… 230
表示 / 非表示 ……………………………… 128
標準エフェクト …………………………… 57
ビン ………………………………………… 42
フェード …………………………………… 229
フェードアウト …………………………… 124
複製 ………………………………………… 242
不透明度 …………………………………… 81
不透明度の中間点 ………………………… 86
不透明度の分岐点 ………………………… 86
ブラー（ガウス） ………………………… 115
ブラー（チャンネル） …………………… 230
ブラー（方向） …………………………… 219

プラグイン ……………………………………… 200
ブラックビデオ ………………………………… 190
プリセットの書き出し ………………………… 245
プリセットの保存 ……………………………… 241
プリセットの読み込み ………………………… 245
フレームサイズ ………………………………… 17, 35
フレーム保持 …………………………………… 83
フレームレート ……………………………… 17, 35, 44
フレームを書き出し …………………………… 223
プレビュー ……………………………………… 48
プロキシ素材 …………………………………… 45
プログラムモニター …………………………… 49
プロジェクト …………………………………… 32
ブロックディゾルブ ……………………… 148, 149
ベクトルモーション …………………………… 87
ベジェ …………………………………………… 99
ベジェのペンマスクの作成 …………………… 101
ペンツール ……………………………………… 210
ボイスオーバー ………………………………… 72
ボタンエディター ……………………………… 93

ま行

マーカー ……………………………………… 74, 75
マスク …………………………………………… 101
マスクの境界ぼかし …………………………… 102
マスクパス ……………………………………… 161
マルチオーディオ ……………………………… 21
マルチカメラ ………………………………… 144, 145
ミラー …………………………………………… 215
モーショングラフィックステンプレートとして
　書き出し …………………………………… 181

モーショングラフィックステンプレートを
　インストール ……………………………… 182

や行

横書き文字ツール ……………………………… 66
予備のフレーム ………………………………… 65
読み込み ………………………………………… 43

ら行

ラバーバンド …………………………………… 62
ラフエッジ ……………………………………… 212
ラベル ……………………………………… 205, 252
リップル削除 …………………………………… 53
リミックスツール …………………………… 90, 91
リンク解除 ……………………………………… 144
ループ素材 ……………………………………… 200
ルミナンスキー ………………………………… 164
レイヤー ………………………………………… 78
レーザーツール ………………………………… 53
レート調整ツール ……………………………… 59
レターボックス ………………………………… 117
レンズフレア …………………………………… 171
レンダリング …………………………………… 175
レンダリングファイルを削除 ………………… 221
ローパス ………………………………………… 196

わ行

ワークスペース ……………………………… 40, 41
ワークスペースタブ …………………………… 41
ワークスペースラベル ………………………… 40
ワープスタビライザー ……………………… 120, 121

■ 本書のサポートページ

https://isbn2.sbcr.jp/18940/

本書をお読みいただいたご感想を上記URLからお寄せください。
本書に関するサポート情報やお問い合わせ受付フォームも掲載しておりますので、あわせてご利用ください。

■ 著者紹介

ムラカミ ヨシユキ

フリー映像作家として、国内外で監督、撮影、編集、脚本執筆に携わる。YouTubeやUdemyにて映像制作に関してのハウツー動画を投稿し、YouTubeチャンネル（あくしょんプラネット/@ActionPlanet）は登録者数10万人を突破。
著書「After Effects 演出テクニック100」（2021年9月/BNN社）
　　「Final Cut Pro 演出テクニック100」（2022年3月/BNN社）

【撮影協力】

Chapter3	九州自然動物公園 アフリカンサファリ
Chapter6	ペガサス明野教室
	宮崎情報ビジネス医療専門学校 情報システム科 CG・映像クリエイターコース
	上池 汰生（カミイケ タイセイ） / 川瀬 滉星（カワセ コウセイ）
	髙谷 大夢（タカタニ ヒロム） / 日髙 叡（ヒダカ サトイ）
	PHUNG DIEN KHANH（フン ジン カン）
Chapter7	天尊降臨ヒムカイザー

【モデル】

Chapter5	Blanca De la Cruz
Chapter6	宮崎情報ビジネス医療専門学校 情報システム科 CG・映像クリエイターコース 1年
	日髙 叡（ヒダカ サトイ）

にゅうもん　じっせん　プレミア　プロ　　　つく　　まな　どうが　へんしゅう

入門×実践 Premiere Pro 作って学ぶ動画編集

シーシーたいおう　　　マック　　　ウィンドウズたいおう
（CC対応）（Mac＆Windows対応）

2023年3月6日	初版第1刷発行

著　　者	………………………	ムラカミ ヨシユキ
発行者	………………………	小川 淳
発行所	………………………	SB クリエイティブ株式会社
		〒106-0032 東京都港区六本木2-4-5
		https://www.sbcr.jp/
印　　刷	………………………	株式会社シナノ

カバーデザイン	………	新井 大輔
制　　作	………………………	クニメディア株式会社
編　　集	………………………	島嵜 健瑛

落丁本、乱丁本は小社営業部（03-5549-1201）にてお取り替えいたします。
定価はカバーに記載されております。

Printed in Japan　ISBN978-4-8156-1894-0